インプレス R&D [NextPublishing]

技術の泉 SERIES
E-Book / Print Book

Hello!!
Vue.js

那須 理也 | 著

最新プログレッシブフレームワーク入門

新しい JavaScript
フロントエンドフレームワーク
Vue.js 最新ガイドブック！

目次

はじめに 5
本書の構成 5
謝辞 5
表記関係について 6
免責事項 6
底本について 6

第1章　Vue.jsことはじめ 7
1.1　フロントエンドフレームワークが必要なわけ 7
1.2　Vue.jsとは 7
1.3　Progressive Framework 8
　　　要求の変化に対応出来るフレームワークとしてのVue.jsとそのエコシステム 8
　　　段階的に解決していく技術的領域 8
1.4　コミュニティ 9
1.5　ガイド 10
1.6　派生プロジェクト 11
1.7　何故Vue.jsを選ぶのか 11
1.8　まとめ 12

第2章　Vue.jsのはじめかた 14
2.1　JSFiddleを使う 14
2.2　CDNを使う 16
2.3　npmを利用して環境を構築する 16
2.4　vue-cliを利用して環境を構築する 17
2.5　Ruby on Railsで使う 17
2.6　Laravelで使う 20
2.7　まとめ 23

第3章　Vue.jsの基本的な使い方 24
3.1　Vueインスタンスの作成 24
3.2　ライフサイクル 25
3.3　リアクティブシステム 26
3.4　ディレクティブ 28
　　　v-ifとv-show 条件分岐 28

            v-for リスト表示 ··30
            v-on イベントリスナ ··34
            v-model フォーム ···36
   3.5 算出プロパティ（computed）···43
   3.6 コンポーネント ···45
            コンポーネントの書式 ···45
            props ··46
   3.7 まとめ ···47

第4章 ToDoリストを作る··48
   4.1 フォームを作る ···48
   4.2 リストの作成 ··49
   4.3 listに追加できるようにする ···50
   4.4 ToDoを完了できるようにする ···51
   4.5 まとめ ···53

第5章 単一ファイルコンポーネント ···54
   5.1 単一ファイルコンポーネントとは？ ···54
   5.2 利点 ··55
            ビュー・ロジック・スタイルがまとまっているので保守性が高い ················55
            スタイルのスコープを限定できる ··55
            テキストエディタでシンタックスハイライトが効く ··································56
            BabelやSCSSなどのプリプロセッサを使用することが出来る ···················56
   5.3 まとめ ···57

第6章 Vuex···59
   6.1 Vuexとは ···59
   6.2 コア機能 ···61
            state ··61
            getters ··63
            mutations ···65
            actions ··67
   6.3 module ···69
            使い方 ···69
            名前空間 ···70
   6.4 まとめ ···73

第7章 vue-router ··74
   7.1 vue-routerとは ··74
   7.2 動的ルートマッチ ···76
   7.3 ネストされたルートで表現するコンポーネントのネスト ····································78

目次 | 3

7.4　プログラムで遷移させる……………………………………………………………82

7.5　リダイレクト……………………………………………………………………………83

7.6　コンポーネント内で動的なセグメントの値を取得したいとき。……………………84

7.7　まとめ……………………………………………………………………………………85

おわりに………………………………………………………………………………………87

著者紹介………………………………………………………………………………………89

はじめに

　本書はJavaScriptのフロントエンドフレームワークVue.jsの入門書です。
　Vue.jsに興味のある人や、初めて触るけどとっかかりがないという人を想定読者とし、Vue.jsの使い方とそのエコシステムについて学べるように本書は書かれています。ES2015のJavaScriptを書いたことがある人であれば容易に理解できます。
　またVue.jsの詳しい機能や高度な使い方についての紹介が不十分だと感じられるかも知れません。そのような時には公式ドキュメントが不十分さを補ってあまりあるほどの情報量を提供してくれます。
　本書を通じてVue.jsやその周辺技術について学んでいただければ幸いです。

本書の構成

第1章 Vue.jsことはじめ
Vue.jsがどのようなフレームワークなのか、そのエコシステムについて紹介します。

第2章 Vue.jsのはじめかた
Vue.jsの学習やプロジェクトをどう進めていけばよいかについて紹介します。

第3章 Vue.jsの基本的な使い方
Vue.jsのライフサイクルや機能について、よく使う項目を紹介します。

第4章 ToDoリストを作る
実際にVue.jsでToDoリストの作成をおこないます。

第5章 単一ファイルコンポーネント
Vue.jsの強力な機能の一つ、単一ファイルコンポーネントについて紹介します。

第6章 Vuex
状態管理を行うライブラリVuexについて紹介します。

第7章 vue-router
ルーティングのライブラリvue-routerについて紹介します。

おわりに
本書のまとめです。

謝辞

　本書の作成には多くの人に助けられました、特に家族には自宅での作業中あまり相手をしてあげることができず申し訳なく思っておりました。会社の同僚には忙しい中レビューをしていただき本当に助かりました。この場を借りて感謝を申し上げます。
　Vue.jsの公式ガイドは、本書を執筆する上でとても参考にさせていただきました。ガイドの翻訳を行っているVue.js日本語ユーザグループの皆様にも深く御礼を申し上げます。

表記関係について

本書に記載されている会社名、製品名などは、一般に各社の登録商標または商標、商品名です。会社名、製品名については、本文中では©、®、™マークなどは表示していません。

免責事項

本書に記載された内容は、情報の提供のみを目的としています。したがって、本書を用いた開発、製作、運用は、必ずご自身の責任と判断によって行ってください。これらの情報による開発、製作、運用の結果について、著者はいかなる責任も負いません。

底本について

本書籍は、技術系同人誌即売会「技術書典3」で頒布されたものを底本としています。

第1章　Vue.jsことはじめ

|||||||||||||||||||||||||||||||||||||||||||||||||||||||||||||||||||||||||||||||||||||||||||
Vue.jsとは一体どのようなフレームワークなのでしょうか。この章ではフロントエンドフレームワークそのものについて触れつつ、Vue.jsとそのエコシステムについて説明します。
|||||||||||||||||||||||||||||||||||||||||||||||||||||||||||||||||||||||||||||||||||||||||||

1.1　フロントエンドフレームワークが必要なわけ

　昨今のWebアプリケーション開発は、複雑化の一途をたどっています。以前はもっぱらjQueryを用いて動的なWebアプリケーションが構築されていましたが、jQueryで動的にDOMを操作すると思わぬ挙動をしてしまい、アプリケーションが壊れるという問題などを抱えていました。

　例えば、ある要素にクラス名を用いてjQueryでイベントハンドラを登録し、そのクラス名をのちの変更で変えてしまったとします。するとそのイベント発火はクラス名に依存しているため、もう発火することがありません。しかもjQueryのイベントハンドラの登録はエラーにならないため、動かなくなったとしても何が原因で動かなくなったのかがわからなくなってしまいます。ビューと密接に結合したJavaScriptならではの問題点と言えるでしょう。

　そこでjQueryに代わるビューを扱うフレームワークが多く誕生しました。初期はBackbone.jsやKnockout.jsが使われ、この分野が成熟して行くにつれAngular.jsやEmber.js、さらにJSフレームワークのパラダイムシフトのきっかけとなったReact.jsなど様々なフレームワークが生まれました。

　さらに、最近はWebアプリケーションの体感スピードの改善のためにシングルページアプリケーションで構築しようという動きが顕著になっています。シングルページアプリケーションの構築をJSフレームワークなしで行うのは困難なため、最適なフレームワーク選びが求められています。

1.2　Vue.jsとは

　Vue.jsは、インタラクティブ性のあるユーザインタフェースを構築するためのフロントエンドフレームワークです。

　Vue.jsはEvan You（https://github.com/yyx990803）さんの個人プロジェクトとして2013年に開発が開始され、2015年10月に1.0、2016年10月に2.0をリリース、現在（2018年3月）最

新のバージョンは2.5.13となっています。Evanさんは現在フルタイムでVue.jsを開発しており、開発の支援も様々な企業や個人スポンサーから受けているため、ほぼ万全の体制でVue.jsの開発が出来ている状態と言えます。

Vue.jsの機能面での特徴としてはMVVM（Model-View-ViewModel）のソフトウェアアーキテクチャパターンの影響を受けていることと、Webコンポーネントのようにカスタム要素を作り出し、再利用可能なビューを構築できることです。

データバインディングによるリアクティブなビューの変更と、保守性の優れたカスタム要素の作成で、小規模なアプリケーションから大規模なアプリケーションまで幅広く対応出来るフレームワークとなっています。

1.3　Progressive Framework

要求の変化に対応出来るフレームワークとしてのVue.jsとそのエコシステム

Vue.jsの特徴として、Progressive Frameworkという概念にもとづいて開発されているということがあります。

Progressive FrameworkとはEvanさんが提唱した概念で、アプリケーションの要求に応じて使い方を変えていくことのできるフレームワークのことを指します[1]。

ある課題があったとき、それを解決するフレームワークがその課題に対して不十分だったり、逆にオーバースペックであった場合、フレームワークの複雑性に引きずられて余計なコストがかかってしまいます。また、アプリケーションは作って終わりではないため、ユーザーの要望によって機能拡張が行われます。フレームワークがその変化に対応できなければ、これもまたコストがかかります。

Progressive Frameworkであることが意識されたフレームワークは課題に対して適切な使い方を提示でき、規模が拡大したとしてもそれに応じて変化することが出来ます。

Vue.jsとそれを取り巻くエコシステムは、常に変化する課題に柔軟に対応することが出来るように作られています。ビュー層をデータバインディングでリアクティブに変化させるVue.js、シングルページアプリケーションを作成するためにフロントエンドでのルーティングを可能にするvue-router、コンポーネント間の状態管理をシンプルに解決するVuexなど、状況に応じたライブラリが用意されています。

段階的に解決していく技術的領域

Progressive Frameworkは、5つの技術的領域を段階的に解決していきます。

1. 宣言的レンダリング（Declative Rendering）
まずはじめに、リアクティブな仕組みを使ってフォームを作りデータを送る要求のみ満たす

---

[1].Progressive framework：https://docs.google.com/presentation/d/1WnYsxRMiNEArT3xz7xXHdKeH1C-jT92VxmptghJb5Es

ためにVue.jsを使うとします。これだけならばscriptタグでVue.jsを読み込み、HTMLに直接ディレクティブ（Vue.jsの為にタグに追加する属性）を書くだけで十分です。ここで解決された領域は「宣言的レンダリング」です。

２．コンポーネントシステム（Component System）

次にformを再利用したいという要求が出てきたとき、Vue.jsのコンポーネントの機能を使用することで満たすことが出来ます。Webコンポーネントのようにカスタム要素を作成し、要求に応じて再利用するなどして解決された領域は「コンポーネントシステム」です。

３．クライアントサイドルーティング（Client-Side Routing）

これまでの要求はいわゆるWebサイトとしての要求でしたが、シングルページアプリケーションなどのより「Webアプリケーション」らしいものにしていきたいと考えたとき、vue-routerなどを使用してその要求を満たします。ここで解決された領域は「クライアントサイドルーティング」です。

４．大規模向け状態管理（Large Scale State Management）

さらにWebアプリケーションとして規模が大きくなってくると、状態管理をしっかりとやる必要が出てきます。そこではVuexを使用することで要求を満たすことが可能です。ここで解決された領域は「大規模向け状態管理」です。

５．ビルドシステム（Build System）

ここまでWebアプリケーションとして開発していくと、Vue.jsのコンポーネントの機能だけではコードが見辛くなる事があると思います。そのときはコンポーネントごとに.vueファイルに分割し、各種バンドルツールに応じたVue.jsのpluginを利用することでファイルの分割とビルドの仕組みを構築することが出来ます。ここで解決された領域は「ビルドシステム」です。

以上のようにVue.jsとそれを取り巻くエコシステムは、簡単なWebページからWebアプリケーションまで様々な要求に対応することが可能です。主要なものはEvanさんにより公式なサポートが行われているため、連携も自然に出来るようになっておりエコシステム全体でProgressive Frameworkを体現しています。

1.4 コミュニティ

コミュニティ活動は各国で活発に行われており、特に2017年6月にポーランドで行われたVue Conf[2]や2018年2月にオランダで行われたVue Conf Amsterdam[3]はVue.jsの開発コアメンバーが勢揃いし、大変な盛り上がりを見せました。

2.Vue Conf：https://conf.vuejs.org/
3.Vue Conf Amsterdam：https://www.vuejs.amsterdam/

日本のコミュニティとしてはVue.js日本ユーザーグループ[4]が存在し、Slackを通じて活発な情報交換が行われています。ドキュメントの和訳などはここで参加者を募っており、vue-loaderやサーバサイドレンダリングガイド、Nuxt.jsなどのプロジェクトのドキュメントの和訳がここで提起されリリースに至っています。

Vue.jsを用いていて、もし不明な点があれば公式フォーラム[5]を利用することで解答を得られます。日本語のカテゴリでは日本語で質問することが可能です。

1.5 ガイド

Vue.jsの特徴の一つとして豊富な日本語ガイドがあげられます。Vue.jsに関連するガイドは以下のとおりです。

- 公式ガイド
    https://jp.vuejs.org/v2/guide/
- Vue.js サーバーサイドレンダリングガイド
    https://ssr.vuejs.org/ja/
- スタイルガイド
    https://jp.vuejs.org/v2/style-guide/
- vue-test-utilのガイド
    https://vue-test-utils.vuejs.org/ja/
- vue-loderのドキュメント
    https://vue-loader.vuejs.org/ja/
- vue-routerのドキュメント
    https://router.vuejs.org/ja/
- Vuexのドキュメント
    https://vuex.vuejs.org/ja/
- Nuxt.jsのガイド
    https://ja.nuxtjs.org/guide/

ドキュメントは非常に良く作られているため、問題が起きた際はドキュメントに立ち返ることで解決作がわかることが多いです。初心者にわかりやすいドキュメントを提供しているあたりもVue.jsの文化の特徴と言えると思います。

またこれらのガイドはgithubで管理されており、誤字脱字や誤訳などがあれば気軽にpull requestを送ることで修正をすることが可能です。

---

[4].Vue.js 日本ユーザグループ：https://github.com/vuejs-jp/home
[5].Vue.js 公式フォーラム：https://forum.vuejs.org/

1.6 派生プロジェクト

派生プロジェクトとしてWeex[6]というネイティブなモバイルアプリケーションを作成するためのフレームワークも存在します。Reactで言うところのReactNativeに相当するもので、.vueファイルを用いて開発するのが特徴です。以前はalibabaグループによって開発が行われていたようですが、今はapache foundationに移管され開発が続けられています。

また同じようにネイティブなモバイルアプリケーションを作成するNativeScript[7]もVue.jsでのアプリケーション開発をサポートしています。こちらはどちらかというとAngular.jsでモバイルアプリケーションを作成するのに特化していたようですが、Vue.jsもサポートしはじめました。

最近nativescript-vueがメジャーバージョンとして1系がリリースされました。まだまだ使用例は少ないもののメジャーバージョンがリリースされたことにより安心してVue.jsでモバイルアプリケーションが作成できるようになってきたのではないかと思われます。

ネイティブアプリの作成はまだReactNativeほど洗練されていませんが、Vue.jsでWebアプリケーションを開発するようにモバイルアプリケーションを作成できることは、Vue.jsの開発者にとってはうれしいことだと思われます。

ユニバーサルなアプリケーションを作成するためのフレームワークである、Nuxt.jsも存在します。これもReactで言うところのNext.jsに相当するものです。vue-routerやVuexも組み込まれており、動的なWebサイトを簡単に作ることが可能です。

Nuxt.jsはサーバーサイドレンダリングが必要なVue.jsのアプリケーションの開発を楽にするため、必要な設定はすべて組み込まれています。Webpackやbabelの設定を初めは書く必要が無いので素早く開発を行うことができます。

1.7 何故Vue.jsを選ぶのか

数多くのフロントエンドフレームワークが存在する中、何故Vue.jsを選ぶのかということなのですが、まず第一にProgressive frameorkであるという点が大きいと筆者は考えています。

アプリケーションの成長に応じてフレームワークの使い方も変化させることが出来るVue.jsは他のフレームワークにない魅力を持っていると思います。ビルドシステムを利用せずVue.js単体で使うことから始め、Vuexやvue-routerを使って動的なWebアプリケーションの構築を行えます。普通のWebサイトからWebアプリケーションまで幅広く使えるというのは、使用する人の層が厚くなるので知見が集まりやすくなることが期待できます。またVuexやvue-routerなどの主要な周辺ライブラリのメンテナンスにEvanさん本人が関わっていることから、ライブラリ選定に迷うことがないのも魅力的です。

6.Weex：https://weex.incubator.apache.org/
7.NativeScript:https://www.nativescript.org/

次にVue.jsとそれを取り巻くエコシステムがEasyだからです。

フレームワークやライブラリを選定するとき、そのライブラリがEasyかSimpleかは重要な要素だと思われます。その軸で考えたとき、Vue.jsはEasyの部類に入ると筆者は考えています。これに対してSimpleなライブラリはReactが代表的です。

Simpleなライブラリは1つのことをうまく解決します。概念がシンプルなので誰にとっても同じ結論に達するのがメリットです。そのぶん解決出来る領域は限定的なので他のSimpleなライブラリを組み合わせる必要があります。例えばReactはビューの部分をシンプルに解決します。状態管理を行うときはReduxなどの状態管理についてシンプルに解決しているライブラリを使用します。作者が違うので組み合わせるのに多少コストはかかりますが、限定された領域をスマートに解決しているので各領域についてのチューニングを行いやすいというメリットがあります。

それに対してEasyなライブラリは少ない手数で最大の利益を得られるのがメリットです。Vue.jsがEasyな理由は、主要なライブラリはEvanさん自身の手が入っており迷わず導入できることと、公式ドキュメントがかなり充実している点などが挙げられます。基本的に何かを行う際のベストプラクティスがそれぞれ用意されており、迷うことがほとんど無いのがVue.jsのEasyたる所以だと考えています。

Progressive frameworkであるということと、Easyであるということ。この二つの点でが魅力的だと感じられればVue.jsはとてもフィットするライブラリなのではないかと考えています。

1.8 まとめ

以上Vue.jsの簡単な紹介を行いました。Vue.jsを取り巻くコミュニティやエコシステムについて、派生プロジェクトについて知っていただけたと思います。

Vue.jsはそのドキュメントの充実度から、学びやすく導入しやすいフレームワークだと言われています。ガイドの節で紹介したWebページを読むだけで開発をすすめることが可能です。

次の章はから具体的な使い方を説明します。

Vue.jsのバージョンごとのコードネーム

Vue.jsの面白い要素の一つとして、マイナーバージョンごとに映画や漫画、日本のアニメのタイトルが使われていることです。

順番通りなら次はMになります。次のバージョンのコードネームを推測するのもVue.jsを愉しむ一つの要素となっています。

バージョン／コードネーム

v2.5.0／Level E

v2.4.0／Kill la Kill

v2.3.0／JoJo's Bizarre Adventure

v2.2.0／Initial D
v2.1.0／Hunter X Hunter
v2.0.0／Ghost in the Shell
v1.0.0／Evangelion
v0.12.0／Dragon Ball
v0.11.0／Cowboy Bebop
v0.9.0／Animatrix

第2章 Vue.jsのはじめかた

Vue.jsを使い始めたいと考えたとき、どのようにはじめれば良いでしょうか？この章ではVue.jsのはじめかたについて説明します。

2.1 JSFiddleを使う

JavaScriptですぐ試してみたいときはJSFiddle[1]がとても便利です。JSFiddleはコードのスニペットも保存することが出来るので試し書きするにはうってつけのサービスです。

図2.1: JSFiddle

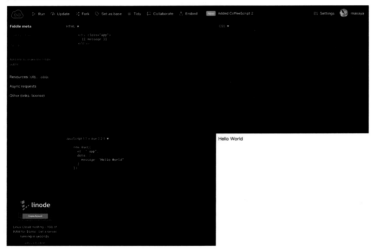

JSFiddleではVue.jsは図2.2のようにセレクトボックスで選択して読み込むことが可能です。

---

[1] JSFiddle:https://jsfiddle.net/

図2.2: Vue.jsの読みこみはセレクトボックスで簡単に選択できる

VuexなどのライブラリはΩ2.3のようにインクリメンタルサーチで選択できます。

図2.3: ライブラリはResourceの項目から選択できる

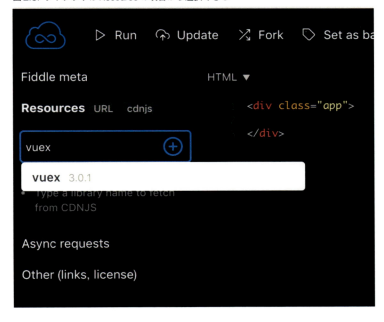

第2章 Vue.jsのはじめかた | 15

2.2 CDNを使う

簡単に試すにはJSFiddleで十分なのですが、ちゃんとデバッグしたい時や複数のファイルで試したいときは不向きです。そういったときにVue.jsを試すには、CDNを利用するのがよいでしょう。CDNは公式の例でも使われているunpkg[2]を利用するとよいでしょう。使い方はscriptタグで以下のように読み込むだけです。

unpkgを使用したVue.jsの読みこみ

```
<script src="https://unpkg.com/vue"></script>
```

scriptタグで読み込むだけでは.vueファイルによる単一ファイルコンポーネントの機能を使うことは出来ませんが、その分ビルドのためのスクリプトについて考える必要がありません。Vue.jsそのものの学習に集中できるので、最初はこちらをお薦めします。

またunpkgはnpmに登録されているライブラリを配信しているので、他のVue.js関連のライブラリも読み込むことが可能です。Vuexやvue-routerを使いたい時も初めはunpkgを利用すると良いでしょう。

2.3 npmを利用して環境を構築する

ある程度慣れてきたらnpmもしくはyarnを用いて環境を構築しましょう。npmやyarnなどのパッケージ管理ツールを用いてVue.jsの開発環境を構築するにはバンドルツールを用いて行うのが最近の主流となっています。

バンドルツールはWebpackやBrowserify、新しいものだとRollup.jsやfuse-boxなどを使うことが可能です。それぞれのバンドルツールごとにWebpackはvue-loader、Browserifyはvueify、Rollup.jsはrollup-plugin-vueといったプラグインがあります。これらのプラグインはVue.jsの強力な機能である単一ファイルコンポーネントを利用するときに必要になります。ちなみにfuse-boxは驚くことにプラグインなしで単一ファイルコンポーネントをサポートしています。

単一ファイルコンポーネントを用いるとtemplate・script・styleの三つがセットになった、コンポーネント単位のファイルを作ることが可能になります。マークアップと動作がセットになったファイルは、複数のページで共通して使用する部品などを作る際にとても便利です。

このようにnpmなどを利用して開発環境を構築することで、Vue.jsの強力な機能を使い開発を行うことが出来ます。

2.UNPKG : https://unpkg.com/

2.4 vue-cliを利用して環境を構築する

npmやyarnを使って環境構築をする際、ビルドスクリプトやビルドのための設定を作らなくてはならないため、スクリプトの作成に追われて本質的なアプリケーション開発になかなか入れないことにフラストレーションを感じるかも知れません。そういう場合はvue-cliの使用を検討すると良いでしょう。

vue-cliはVue.jsを使ったプロジェクトのscaffoldingをするコマンドラインツールです。引数にテンプレート名を与えることで、そのテンプレートを使用してプロジェクトのひな形を作ることが出来ます。

以下のようにコマンドを実行することにより、プロジェクトを作成できます。

```
$ vue init テンプレート名 プロジェクト名
```

「プロジェクト名」で指定した名前のディレクトリが作成され、「テンプレート名」で指定されたテンプレートでプロジェクトが作成されます。

オフィシャルなテンプレートは表2.1があります。

表2.1: vue-cliのオフィシャルテンプレート

テンプレート名	詳細
webpack	ホットリロード、lint、テストがフルセットで入るWebpackテンプレート。
webpack-simple	必要最小限のWebpackテンプレート。最低限ビルドが出来る設定が入っている。
browserify	ホットリロード、lint、テストがフルセットのBrowserifyテンプレート。
browserify-simple	必要最小限のBrowserifyテンプレート。最低限ビルドが出来る設定が入っている。
pwa	PWAのアプリケーションを作るためのテンプレート。webpackをベースにしている。
simple	CDNのVue.jsを読み込むHTMLファイルを作るだけのテンプレート。

webpackなどのフルセットのテンプレートを利用するのはある程度慣れてからのほうがよいです。初心者はwebpack-simpleなどで最小限のビルドの設定を使い拡張していくことをお薦めします。ホットリロードやlint等についてある程度詳しいのであれば、フルセットを利用して開発をはじめると、本質的なアプリケーション開発にすぐに入ることが出来ます。

2.5 Ruby on Railsで使う

もしRuby on Railsを使ってWebアプリケーションを構築するのであれば、webpackerを利用するのがRailsのレールに乗った開発が出来るのでお薦めです。ここではRailsのv5.1.5、webpackerはv3.3.0を使用します。

今回はすでにあるはRailsのプロジェクトにwebpackerを導入するという気持ちでやってみます。まずはRailsのプロジェクトを作成します。

```
$ rails new webpacker-sample
```

この状態で画面が出るか確認します。図2.4のように出れば大丈夫です。

```
$ rails s
```

図2.4: railsの初期画面

webpackerを使用するためにGemfileに追記し`bundle install`を実行しインストールします。

リスト2.1: Gemfile

```
gem 'webpacker', '~> 3.3'
```

その後webpackerの設定をrailsコマンドでインストールします。インストールした後webpackerの設定等をインストールします。

```
$ bundle install
$ bundle exec rails webpacker:install
```

このコマンドを実行すると以下のファイルが追加されます。
- .babelrc
    - babelの設定。
- .postcssrc.yml
    - postcssの設定
- app/javascript/packs/application.js
    - railsのhelperのjavascript_pack_tagで読み込むJavaScriptファイル
- bin/webpack
    - webpackのwrapper
- bin/webpack-dev-server
    - webpack-dev-serverのwrapper
- config/webpacker.yml
    - webpackの設定が書かれたyml
- config/webpack/development.js
    - development環境用のwebpackの設定を追記するJavaScriptファイル
- config/webpack/environments.js
    - node_modulesのwebpackerで設定を読み込むJavaScriptファイル
- config/webpack/productions.js
    - production環境用のwebpackの設定を追記するJavaScriptファイル

webpackerの設定等rakeタスクで追加した後、Vue.jsのインストールをrakeタスクで行います。

```
$ bundle exec rails webpacker:install:vue
```

このコマンドを実行すると以下のファイルが追加されます。
- app/javascript/app.vue
    - Hello Vue!と表示するだけのコンポーネント
- app/javascript/packs/hello_vue.js
    - app.vueを使用するJavaScriptファイル
- config/webpack/loaders/vue.js
    - vue-loaderの設定ファイル

ほかにも`package.json`にvue、vue-loader、vue-template-compilerが追加されyarn

でインストールされます。

hello_vue.jsをjavascript_pack_tagで読み込むとHelloVue!と表示されます。

リスト 2.2: index.erb

```
<%= javascript_pack_tag 'hello_vue' %>
```

図 2.5: hello_vue.js を読み込んで表示

Hello Vue!

最低限の設定しか施されていないので、templateにpugを使いたい、styleにscssを使いたい等があれば自身でインストールする必要があります。

2.6 Laravelで使う

LaravelはPHPのWebアプリケーションフレームワークです。DIやデフォルトでAWSと連携する機能がついているなど開発しやすいフレームワークとして近年人気があるようです[3]。LaravelはデフォルトでVue.jsを採用しておりVue.jsで開発するための設定等は全て用意されているのが特徴的です。

まずは新しくプロジェクトを作ってみます。composerを使用してlaravelを実行しインストールします。

```
$ composer global require "laravel/installer=~1.1" # laravelのインス
  トール
$ laravel new vue-sample # laravelのプロジェクトの作成
```

プロジェクトを作成した段階でJavaScriptの設定等は終わっています。この状態で実行す

---

3. 筆者はPHPのコミュニティに疎いので個人的な印象を書いています。

ると図2.6のような画面が表示されます。

```
$ php artisan serve
```

図2.6: laravelの初期画面

Laravel

DOCUMENTATION　LARACASTS　NEWS　FORGE　GITHUB

　Vue.jsを使って開発していきたいと思います。必要なパッケージはすでにインストールしてあります。プロジェクトを作った段階で例となるコンポーネントが存在するので、それを使ってまずはカスタム要素を表示してみたいと思います。
　例としてすでにあるコンポーネントは以下です。

- resources/assets/js/components/ExampleComponent.vue
    デフォルトで作られたサンプルコンポーネント
- resources/assets/js/app.js
    Vueインスタンスを作成するJavaScriptのファイル
- resources/assets/js/bootstrap.js
    lodashやaxiosなどのライブラリを読みこみ初期化を行うJavaScriptのファイル

すでに`require`等で読みこみなどは`app.js`で行われているので後はコンパイルするだけになります。
　`.vue`ファイルのコンパイルも独特で`laravel-mix`という`webpack`のラッパーを使用すると何も設定せずにコンパイルすることが可能です。`laravel-mix`は`vue-loader`や`css-loader`などが初めから組み込まれているので`webpack`でコンパイルするのと同じ感覚で使用することが出来ます。
　`laravel-mix`で使用する設定ファイルを見てみます。

リスト2.3: webpack.mix.js

```
let mix = require('laravel-mix');

mix.js('resources/assets/js/app.js', 'public/js')
   .sass('resources/assets/sass/app.scss', 'public/css');
```

　`laravel-mix`を`require`して`mix.js().sass()`とつなげていきます。第一引数にコンパ

イルする対象を指定し、第二引数に出力先を指定します。

コンパイルはnpmコマンドで実行します。

```
$ yarn run build
```

これでpublic/js配下にコンパイル結果が出力されます。

出力されたファイルを使用するにはscriptタグを書くだけです。プロジェクト開始時に作られたファイルに追記します。

リスト2.4: welcome.blade.php

```
<!doctype html>
<html lang="{{ app()->getLocale() }}">
    <head>
        <!-- 略 -->
    </head>
    <body>
        <div class="flex-center position-ref full-height">
            <!-- 略 -->
            <!-- 基点となる#appのdiv -->
            <div id="app">
                <!-- ExampleComponentを使用する -->
                <example-component></example-component>
            </div>
        </div>
        <!-- コンパイルされたJSを読み込む -->
        <script src="/js/app.js"></script>
    </body>
</html>
}
```

図2.7のような画面が出れば成功です。

図2.7: laravelの初期画面にExampleComponentを追加

laravelはlaravel-mixによってVue.jsの開発はとてもやりやすくなっています。PHPで新しくプロジェクトを作成しVue.jsを使用したい場合はlaravelを使用するのがよさそうです。

2.7　まとめ

　このように様々な方法でVue.jsをはじめることが可能です。npmで自分で構築するタイプから、Webアプリケーションフレームワークにサポートされているものまで多様です。それぞれ一長一短はありますが、自身のプロジェクトにあった方法でインストールを行い、開発を進めていきましょう。

第3章　Vue.jsの基本的な使い方

|||||||||||||||||||||||||||||||||||||||||||||||||||||||||||||||||||||||||||||||||||||||||||||||||||||||||
ここではVue.jsの基本的な使い方について簡単に説明します。Vue.jsは多機能です。本章では基本的なよく使う機能を中心に解説していきます。
|||||||||||||||||||||||||||||||||||||||||||||||||||||||||||||||||||||||||||||||||||||||||||||||||||||||||

3.1　Vueインスタンスの作成

まずはじめにVueインスタンスを作成します。Vueインスタンスは以下のように生成します。

Vueインスタンスを作成するコード

```javascript
new Vue({
  // オプションを記述していく
  el: '#app',
  data: {
    count: 0
  },
  methods: {
    countup: function(){
      this.count++
    }
  }
})
```

代表的なオプションは以下のようなものがあります。

・el
　　Vueインスタンスをマウントするセレクタを登録する
・data
　　Vueで管理するデータを登録する
・methods
　　dataを操作する関数を登録する

methodsで登録された関数は、のちほど解説するv-onディレクティブで呼び出すことが可能です。

3.2 ライフサイクル

Vue.jsを使用する時、インスタンスのライフサイクルを抑えておくと、インスタンスの初期化処理を行う際便利です。

Vue.jsは、インスタンスのライフサイクルごとに呼ばれるフックを提供しています。フックはVueインスタンスを作成する際に渡す引数のオブジェクトに、以下のように関数を登録して使用していきます。

ライフサイクルcreatedで実行するコードを書く

```
new Vue({
  created: function () {
    // ここはインスタンスが作際された後に呼ばれる
    console.log('created')
  }
})
```

フックは図3.1のような順番で呼ばれていきます。

図3.1: Vueインスタンスのライフサイクル

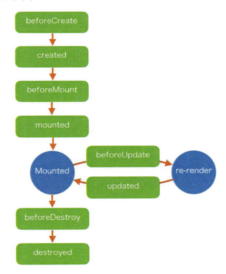

・beforeCreate
　インスタンスが作成される前の処理
・created
　インスタンスが作成された後の処理
・beforeMount

DOMにマウントされる前の処理
・mounted
   DOMにマウントされた後の処理
・beforeUpdate
   紐付けられたデータがアップデートされDOMが更新される前の処理
・updated
   DOMが更新された後の処理
・beforeDestroy
   インスタンスが削除される前の処理
・destroyed
   インスタンスが削除された後の処理

図3.1のタイミングで任意のコードを実行させることが可能です。例としては`beforeMount`でAjaxでデータを取得するコードを書き、得られたデータをインスタンスにセットする、といった使い方ができます。これを使わなくてもアプリケーションの開発を行うことはできますが、要件に応じて使えるように覚えておくと良いでしょう。

3.3 リアクティブシステム

Vue.jsはdataプロパティに登録したオブジェクトに属するすべてのプロパティをVue.js内のリアクティブシステムに取り込みます。以下のコードではcountがリアクティブになります。

dataプロパティのcountがリアクティブになる

```
var newInstance = new Vue({
  el: '#app',
  // data内のプロパティはすべてリアクティブになる
  data: {
    count: 0
  }
})
```

dataプロパティのcountを表示したいときは以下のように書きます。

Mustach構文でcountを表示

```
<h1>Hello Vue !!</h1>
<div id="app">
  count:{{ count }}
</div>
```

HTML内に{{}}があります。これはMustache構文というもので、この中に書かれたプロパティの値を展開します。今回はcountの値が表示されることになります。初期値は0なため、0と表示されます。

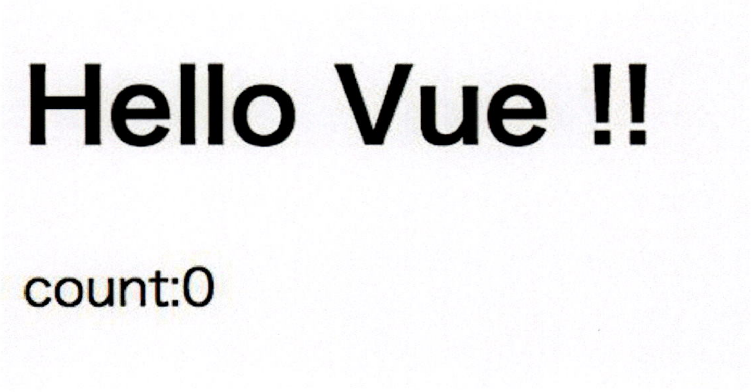

図3.2: データの表示

Hello Vue !!

count:0

次にdataの中のcountを書き換えてみたいと思います。デベロッパーツールを開いて以下のコードを実行してみてください。

Vue インスタンスである newInstance の data の count をインクリメント

```
newInstance.$data.count++
```

countがインクリメントされ、以下のように0から1に変わるはずです。

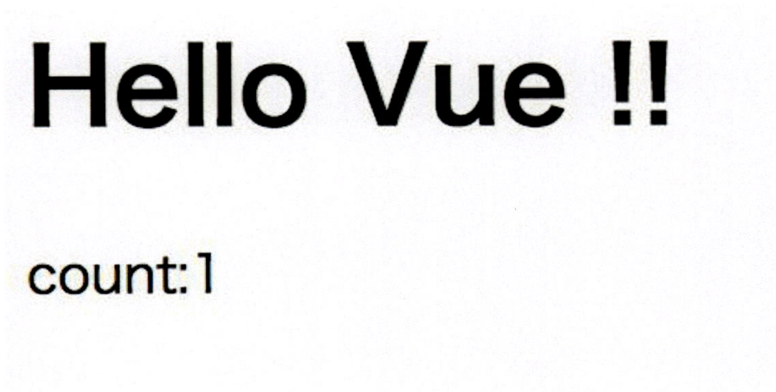

図3.3: インクリメントされたデータの表示

Hello Vue !!

count:1

このようにcountがリアクティブになり、値を変更することでビューに新しい値が反映されます。実際のアプリケーションでは関数を介してdataの中を書き換えていくことになります。

3.4 ディレクティブ

ディレクティブはv-から始まるVue.jsで使用する特殊なHTMLタグに付加する属性です。主にdataプロパティに登録したオブジェクトの値が変化した際、リアクティブにDOMに対して変化を加える効果があります。例としては条件分岐を行うことのできるv-if、データの繰り返し表示に使用するv-for、イベントリスナをアタッチするためのv-on、formをリアクティブにするためのv-modelなどがあります。

それぞれについて見ていきたいと思います。

v-ifとv-show 条件分岐

値による条件分岐でDOMの表示非表示を操作したい時、使用できるディレクティブとしてv-ifとv-showが存在します。

v-ifとv-showの違いは、v-ifはディレクティブがつけられている要素以下をDOMから消してしまいますが、v-showはstyleのdisplay属性をnoneにするだけでDOMには存在するという点です。また、v-ifはv-else-ifやv-elseのように複数の条件に対応することができるので柔軟な条件分岐を必要とする場合は有用です。

書式はそれぞれ以下のように書きます。

v-if v-showの書式

```
v-if="dataプロパティに登録しているオブジェクトのキー"
v-show="dataプロパティに登録しているオブジェクトのキー"
```

v-showを試してみます。以下のようなコードを書いてみます。

showFlgの値で表示を制御するためのコード

```
new Vue({
  el: '#app',
  data: {
    showFlg: false
  }
})
```

v-showで表示が分岐される

```
<h1>Hello Vue !!</h1>
<div id="app">
  <div v-show="showFlg">
    表示されないけどDOMにいる
  </div>
```

```
</div>
```

このコードを実行すると図3.4のようにDOMには描画されますが、displayがnoneになり、見かけ上は表示されないものの、DOM上には存在するようになります。

図3.4: v-show では DOM に描画されるが display が none になる

```
▼ <html> == $0
  ▶ <head>…</head>
  ▼ <body>
      <script src="https://unpkg.com/vue"></script>
      <h1>Hello Vue !!</h1>
    ▼ <div id="app">
        <div style="display: none;">
            表示されないけどDOMにいる
        </div>
      </div>
    ▶ <script>…</script>
    </body>
```

v-ifを試してみます。以下のようなコードを書いてみます。

showFlgの値で表示を制御するためのコード

```
new Vue({
  el: '#app',
  data: {
    showFlg: false
  }
})
```

v-ifで表示が分岐される

```
<h1>Hello Vue !!</h1>
<div id="app">
  <div v-if="showFlg">
    表示されない
  </div>
  <div v-else>
    表示される
  </div>
```

```
</div>
```

このコードを実行すると図3.5のようにDOMに描画されません。

図3.5: v-ifではDOMに描画されない

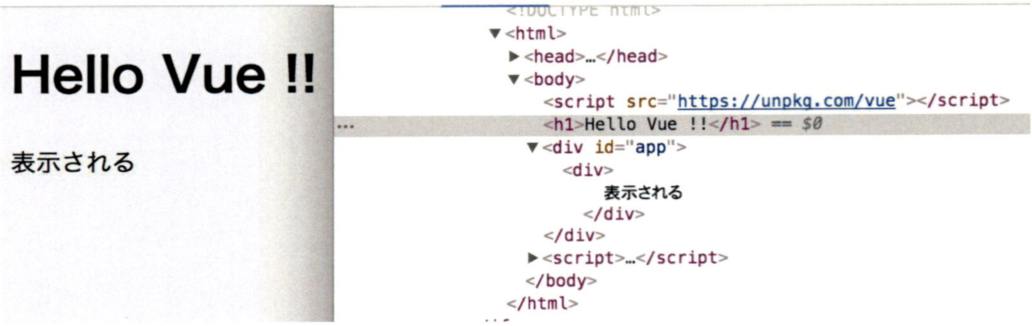

このように表示に関する条件分岐は二種類の方法で実現できます。要件に応じてどちらを使うか検討し、適した方法で実装するのが良いでしょう。

v-for リスト表示

リスト表示を行いたいときはv-forを使用します。v-forは他のディレクティブと違い""の中の値は特殊な文法で書いていきます。

書式は以下のように書きます

v-forの使い方

```
v-for="変数名 in dataプロパティに登録しているオブジェクトのキー"
```

リスト表示は以下のようなコードで行います。

v-forの使い方

```
<ul v-for="item in items">
  <li>
    {{ item }}
  </li>
</ul>
```

"item in items"は"item of items"と書くことも可能です。

itemsに入れるオブジェクトはArray・Object・number・stringの4種類です。以下がそれぞれのオブジェクトを使用する例です。

v-forでリスト表示するためのdataの中に配列やオブジェクトを登録

```
new Vue({
  el: '#app',
  data: {
    array: [ "kongo", "hiei", "haruna", "kirishima" ],
    object: {
      "hoge": "hogehoge",
      "fuga": "fugafuga"
    },
    number: 10,
    string: "Lorem"
  }
})
```

それぞれの要素をv-forでリスト表示する

```
<h1>Hello Vue !!</h1>
<div id="app">
  <h2>
    array
  </h2>
  <ul v-for="(item, index) in array">
    <li>
      {{ item }} - {{ index }}
    </li>
  </ul>
  <h2>
    Object
  </h2>
  </h2>
  <ul v-for="(val, key, index) in object">
    <li>
      {{ val }} - {{ key }} - {{ index }}
    </li>
  </ul>
  <h2>
    number
  </h2>
  <ul v-for="(num, index) in number">
    <li>
      {{ num }} - {{ index }}
    </li>
  </ul>
```

```
<h2>
  string
</h2>
<ul v-for="(char, index) in string">
  <li>
    {{ char }} - {{ index }}
  </li>
</ul>
</div>
```

表示結果は以下のようになります。

図3.6: Array

array

- kongo - 0
- hiei - 1
- haruna - 2
- kirishima - 3

図3.7: Object

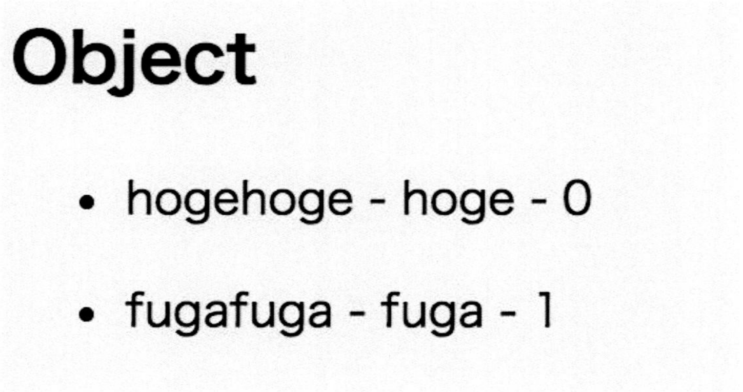

Object

- hogehoge - hoge - 0
- fugafuga - fuga - 1

図 3.8: number

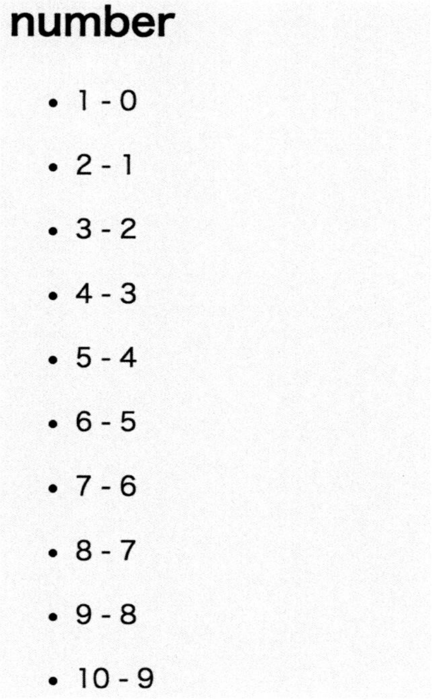

number

- 1 - 0
- 2 - 1
- 3 - 2
- 4 - 3
- 5 - 4
- 6 - 5
- 7 - 6
- 8 - 7
- 9 - 8
- 10 - 9

図 3.9: string

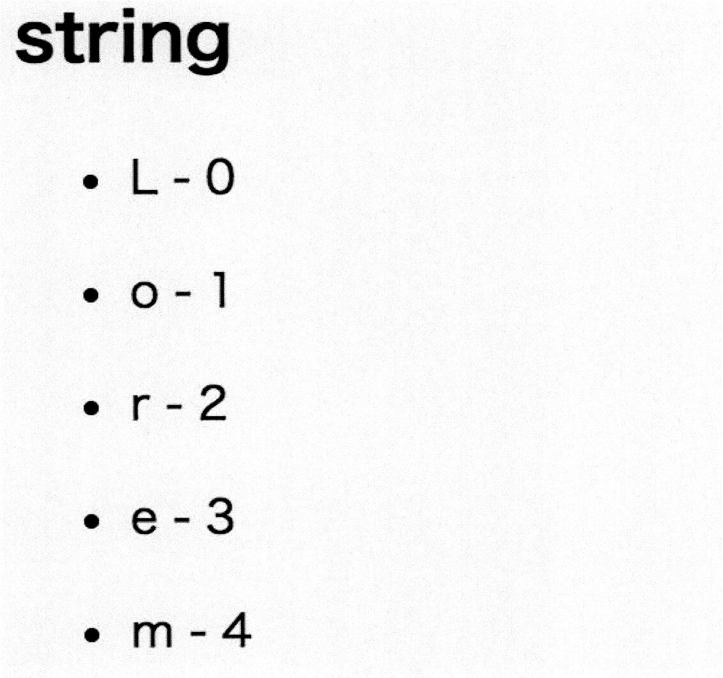

string

- L - 0
- o - 1
- r - 2
- e - 3
- m - 4

このように様々なオブジェクトに対してリスト表示を行うことが可能です。よく使用するのは配列に対するリスト表示だと思われます。配列に対して追加や削除を行うと、それに応じてリストは再レンダリングされます。

配列に対して行うことのできる操作は以下です。

- push()
  配列の最後に要素の追加
- pop()
  配列の最後を取得
- shift()
  配列の最初の要素を取得
- unshift()
  配列の最初に1個以上の要素を追加
- splice()
  複数の要素を追加・削除
- sort()
  配列を並び替える
- reverse()
  配列を逆転する

Vue.jsのdataプロパティの配下はVue.jsによって変更関数がラップされているため、先程示した関数などで変更を行うとリアクティブにDOMが書き換えられます。通常の配列の操作ではインデックスで直接要素を指定し上書きすることができますが、その操作ではVue.jsが変更を検出できないため、リアクティブにDOMが書き換わることがありません。配列に操作を加える際は上記の関数を介して行いましょう。

リスト表示の部分はVue.jsの事情により複雑です。ガイド[1]を参照して開発を行いましょう。

v-on イベントリスナ

DOMに対してクリックやホバーを検出したい場合、v-onを使うことでイベント発火時に任意の関数を実行することが可能です。

書式としては以下のようにディレクティブを書くことで実現します。

v-onの使い方

```
v-on:イベント名="行いたい処理"
//省略記法
@イベント名="行いたい処理"
```

---

1. 公式ガイド リストレンダリング：https://jp.vuejs.org/v2/guide/list.html

簡単な例として、以下のように書くとDOMをクリックした際ダイアログを出すことができます。

v-onでclickイベントにハンドラを登録する

```
<div v-on:click="alert('hoge')">alert</div>
```

""の中にJavaScriptコードを書くことができます。ですがこの例のように""の中に書いていくスタイルでは複雑なコードを書きたい場合現実的ではありません。

その時はVueインスタンスを作成する際methodsプロパティに登録した関数の名前を記入することで、その処理を実行することが可能です。簡単な例は以下のとおりです。

v-onで実行するためのメソッドshowAlertを定義するコード

```
new Vue({
  el: '#app',
  methods: {
    showAlert: function () {
      alert('hoge')
    }
  }
})
```

v-onでclickイベントのハンドラにshowAlertを登録する

```
<h1>Hello Vue !!</h1>
<div id="app">
  <div v-on:click="showAlert">
    alert
  </div>
</div>
```

このように書くと、methods内のshowAlert関数が実行されます。動作は先ほどのコード例と同じ動作をします。

また、methods内の関数でdataプロパティに登録されているオブジェクトはthisを介して参照することができるので、参照したデータの操作を行い、DOMをリアクティブに書き換え、動的なアプリケーションの開発を行うことができます。

以下のコードはdataプロパティに登録されているオブジェクトを更新して表示する例です。

incrementでcountを更新するコード

```
new Vue({
```

```
  el: '#app',
  data: {
    count: 0
  },
  methods: {
    increment: function () {
      this.count += 1
    }
  }
})
```

v-onでclickイベントのハンドラにincrementを登録する

```
<h1>Hello Vue !!</h1>
<div id="app">
  <div v-on:click="increment">
    increment
  </div>
  {{ count }}
</div>
```

incrementと表示された部分をクリックすることで、dataプロパティ内のcountが更新され、数値がインクリメントされていくのがわかると思います。

図3.10: incrementをクリックすると数値が更新されていく

Hello Vue !!

increment

12

v-model フォーム

formに入力した値をリアクティブにしたい場合、ほかのフロントエンドのフレームワークに慣れていた場合はv-onでキー入力を検知し実装すると思います。Vue.jsではv-modelを使用

しdataプロパティ内のオブジェクトとで双方向データバインディングを実現することが可能です。v-modelはform内のinputとtextarea要素で使用できます。

以下は、v-modelを用いた双方向データバインディングの例です。

テキスト

通常のテキストの双方向データバインディングを試してみるため、以下のコードを書いてみます。

dataプロパティにtextを登録

```
new Vue({
  el: '#app',
  data: {
    text: ""
  }
})
```

v-modelでinputにtextを紐付ける

```
<h1>Hello Vue !!</h1>
<div id="app">
  <input v-model="text">
  <p>
    {{ text }}
  </p>
</div>
```

テキストの入力を行ったら図3.11のようにすぐpタグ内に反映されることがわかると思います。

Hello Vue !!

hogehogehoge

hogehogehoge

複数行テキスト

textareaを用いた双方向データバインディングを試してみます。

data プロパティに text を登録

```
new Vue({
  el: '#app',
  data: {
    text: ""
  }
})
```

v-model で textarea に text を紐付ける

```
<h1>Hello Vue !!</h1>
<div id="app">
  <textarea v-model="text"></textarea>
  <p>
    {{ text }}
  </p>
</div>
```

こちらもテキストの入力を行ったら図3.12のようにすぐpタグ内に反映されることがわかると思います。

気をつけるべきなのは、textarea内で改行を行っても改行文字として認識されてしまうため、pタグ内では何も表示されない空の文字として表示されてしまう点です。これに関しては改行をHTML上に表示する際にbrタグなどにする処理を入れる必要があります。

図3.12: 複数行テキスト入力

38　第3章　Vue.jsの基本的な使い方

チェックボックス

チェックボックスの双方向データバインディングを試してみます。

チェックボックスは、単体と複数選択の場合では使用方法が若干異なります。単体での使用の場合、dataプロパティの値はboolean型になり、複数での使用の場合は配列になります。

単体での使用例を書いてみます。

checkのオンオフ状態を登録するdataプロパティにcheckedを登録

```
new Vue({
  el: '#app',
  data: {
    checked: false
  }
})
```

inputにv-modelでcheckedを紐付ける

```
<h1>Hello Vue !!</h1>
<div id="app">
  <input type="checkbox" id="checkbox" v-model="checked">
  <label for="checkbox">{{ checked }}</label>
</div>
```

チェックボックスをチェックすると、図3.13ようにtrueになり、チェックを外すとfalseになります。

図3.13: チェックボックス単体使用

複数での使用例を書いてみます。

チェックした一覧を保存するcheckedNamesをdataプロパティに登録

```
new Vue({
  el: '#app',
```

```
  data: {
    checkedNames: []
  }
})
```

v-modelで複数checkedNamesを紐付ける

```html
<h1>Hello Vue !!</h1>
<div id="app">
  <input type="checkbox" id="kongou" value="Kongou"
v-model="checkedNames">
  <label for="kongou">Kongou</label>
  <input type="checkbox" id="hiei" value="Hiei"
v-model="checkedNames">
  <label for="hiei">Hiei</label>
  <input type="checkbox" id="haruna" value="Haruna"
v-model="checkedNames">
  <label for="haruna">Haruna</label>
  <input type="checkbox" id="kirishima" value="Kirishima"
v-model="checkedNames">
  <label for="kirishima">Kirishima</label>
  <br>
  <span>{{ checkedNames }}</span>
</div>
```

チェックボックスをチェックすると、図3.14のようにチェックした項目名が表示されます。

図3.14: チェックボックス複数使用

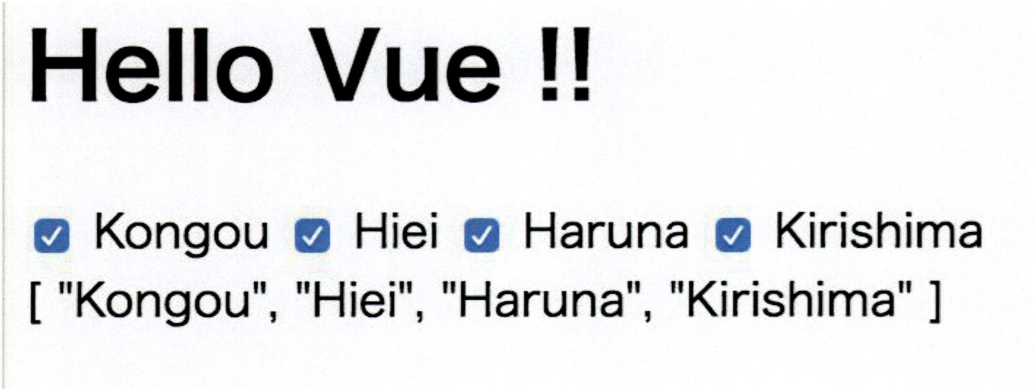

Hello Vue !!

☑ Kongou ☑ Hiei ☑ Haruna ☑ Kirishima
["Kongou", "Hiei", "Haruna", "Kirishima"]

単体での使用はチェックしたか否かの情報を保持し、複数での使用は何をチェックしたかの情報を保持します。要件に応じた使い分けをすると良いでしょう。

ラジオボタン

ラジオボタンの双方向データバインディングを試してみます。

data プロパティにラジオボタンの選択結果を保存する modulation を登録

```
new Vue({
  el: '#app',
  data: {
    modulation: ""
  }
})
```

v-model で modulation を複数登録する

```html
<h1>Hello Vue !!</h1>
<div id="app">
  <input type="radio" id="fm" value="FM" v-model="modulation">
  <label for="fm">FM</label>
  <br>
  <input type="radio" id="am" value="AM" v-model="modulation">
  <label for="am">AM</label>
  <br>
  <span>Modulation: {{ modulation }}</span>
</div>
```

チェックした値がmodulationに保持され、切り替わることが図3.15でわかります。

Hello Vue !!

○ FM
● AM
Modulation: AM

第3章　Vue.jsの基本的な使い方　41

セレクトボックス

selectの双方向データバインディングを試してみます。

selectもチェックボックスと同じように単体選択と複数選択で使用方法が異なります。単体選択の場合はstring、複数選択の場合は配列で選択された値を保持します。

単体選択の場合の例を書きます。

dataプロパティに選択結果を保存するhisyoを登録

```
new Vue({
  el: '#app',
  data: {
    hisyo: ""
  }
})
```

selectにv-modelでhisyoを紐付ける

```
<h1>Hello Vue !!</h1>
<div id="app">
  <select v-model="hisyo">
    <option disabled value="">秘書艦を選んでください</option>
    <option>金剛</option>
    <option>比叡</option>
    <option>榛名</option>
    <option>霧島</option>
  </select>
  <span>秘書官: {{ hisyo }}</span>
</div>
```

選択された値がhisyoに保持され表示が変わることが図3.16でわかります。

図3.16: セレクトの単体選択

複数選択の場合の例を書きます。

複数選択を登録できるようにdataプロパティにkantaiを配列で登録

```
new Vue({
  el: '#app',
  data: {
    kantai: []
  }
})
```

selectにv-modelでkantaiを紐付ける

```
<h1>Hello Vue !!</h1>
<div id="app">
  <select v-model="kantai" multiple>
    <option disabled value="">艦隊を組むための艦娘を選んでください</option>
    <option>金剛</option>
    <option>比叡</option>
    <option>榛名</option>
    <option>霧島</option>
  </select>
  <span>艦隊: {{ kantai }}</span>
</div>
```

選択された値がkantaiに保持され、選択された項目が表示されることが図3.17でわかります。

図3.17: セレクトの複数選択

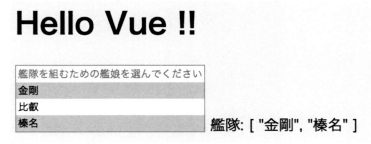

3.5 算出プロパティ（computed）

v-forディレクティブでリストの表示をするとき、ある条件の値だけ表示したいという場合があるかと思います。そのような場合は算出プロパティ（computed）を使用することで解決出来ます。

算出プロパティの定義は以下のように行います。

算出プロパティの定義

```
new Vue({
  el:'.app',
  // 略
  // computed プロパティに関数を書いていく
  computed: {
    computedFunc(){
      // 計算した結果を return する
      const computedVar = computedAnotherFunc()
      return computedVar
    }
  }
})
```

computedプロパティを新たに追加し、その中にmethodsのように関数を書いていきます。v-forでリストを表示したとき、その要素をフィルタしたい場合の例を以下に書きます。

index.html

```
<div class="app">
  <h2>
    奇数
  </h2>
  <ul v-for="num of odd">
    <li>{{ num }}</li>
  </ul>
  <h2>
    偶数
  </h2>
  <ul v-for="num of even">
    <li>{{ num }}</li>
  </ul>
</div>
```

算出プロパティに複数関数を登録する

```
new Vue({
  el:'.app',
  data: function() {
    return {
      numArray: [1,2,3,4,5]
    }
  },
```

```
  computed: {
    odd(){
      return this.numArray.filter(num => { return num % 2 !== 0 })
    },
    even(){
      return this.numArray.filter(num => { return num % 2 === 0 })
    }
  }
})
```

　この例では奇数と偶数をそれぞれの算出プロパティの関数で出し分けています。何か値をフィルタしたり、計算した結果を表示したい場合に算出プロパティはよく使われます。

　算出プロパティで定義した関数とmethodsで定義した関数の見た目と用途はかなり似ています。しかし、算出プロパティの特徴はその結果がキャッシュされるという点で、methodsで定義した関数とは異なります。

　算出プロパティは定義した関数内で使用されている変数などが特に変化しない場合、再度計算することを行わず以前表示した値をキャッシュから取り出し表示します。例えば、算出プロパティで計算された値を表示する部分をv-ifで消したとします。そうするとDOMから要素が消えるのでもう一度表示するときは再計算する必要があります。DOMを構築し直すとき算出プロパティで計算された部分はキャッシュから取り出されるので余計な計算は少なくなります。

　試しに算出プロパティで定義した関数にconsole.logを仕込んでv-ifでその要素を消してもう一度表示させてみてください。最初の表示はconsole.logで文字列が出力されますが、要素を消して再度表示させても文字列が出力されないことがわかると思います。

3.6　コンポーネント

　Vue.jsはコンポーネントシステムを備えています。機能ごとのコンポーネントを作成し、それを組み合わせることによって画面を構成する事ができます。

コンポーネントの書式

　シンプルに表示だけを行うコンポーネントは以下のように書きます。

コンポーネントを実装するコード

```
Vue.component('item', {
  template: '<div>item</div>'
})
```

　このコンポーネントを利用する際は、Vue.jsによってバインドされているDOMに以下のよう

に書きます。

itemコンポーネントを利用するコード

```
<h1>Hello Vue !!</h1>
<!-- #app にマウントされているとします -->
<div id="app">
  <item></item>
</div>
```

Webコンポーネントのカスタム要素のように利用することが可能です。

props

コンポーネントに外部からデータを渡すことも可能です。コンポーネントがデータを受け取れるようにするにはpropsプロパティをcomponent関数の第二引数に渡すオブジェクト内に定義します。

コンポーネントにcontentという名前のpropsを受け取れるようにするコード

```
Vue.component('item', {
  template: '<div>{{ content }} world!!</div>',
  props: ['content']
})
```

ここで指定したpropsの名前を属性値として利用することで、コンポーネントにデータを渡します。

itemコンポーネントにcontentという名前のpropsを登録する

```
<h1>Hello Vue !!</h1>
<!-- #app にマウントされているとします -->
<div id="app">
  <item content="hello"></item>
</div>
```

content属性に文字列を渡しています。Mustash構文で書かれた部分にその文字列が展開され、以下のように表示されます。

図3.18: props からデータを渡されて hello world! と表示される

Hello Vue !!

hello world!!

ここで渡されたデータはコンポーネント内の関数で利用することが可能です。

3.7 まとめ

　本章では Vue.js の基本的な使い方について解説しました。他にもトランジション[2]、カスタムディレクティブ[3] などがありますが、より高度な使用方法になるのでここでは触れません。更に先に進んでみたくなった場合は、公式ガイドを参照して開発を行ってみてください。

---

2. 公式ガイド Enter/Leave とトランジション一覧：https://jp.vuejs.org/v2/guide/transitions.html
3. 公式ガイド カスタムディレクティブ：https://jp.vuejs.org/v2/guide/custom-directive.html

第4章　ToDoリストを作る

ここでは実際にVue.jsを使ってToDoリストを作っていきます。アプリケーションを作る中でVue.jsの理解を深めましょう。

4.1　フォームを作る

まずは入力フォームを作成します。inputタグへの入力にはv-modelディレクティブを使い、双方向データバインディングを用いてデータをdataプロパティに登録したオブジェクトに保持します。

todo.js

```js
new Vue({
  el: '#app',
  data: {
    todo: ""
  }
})
```

template.html

```html
<div id="app">
  <form>
    <input v-model="todo">
    <input type="submit" val="追加">
  </form>
  <!-- 確認用 -->
  {{ todo }}
</div>
```

inputタグに入力してデータが表示されることを図4.1のように確認できるはずです。

図4.1: formを作った状態

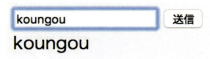

4.2 リストの作成

表示するリストを定義します。dataプロパティにlistを追加します。listをv-forディレクティブを使って表示していきます。

todo.js

```
new Vue({
  el: '#app',
  data: {
    todo: "",
    list: ["hoge", "fuga"] //確認用にデータを入れる
  }
})
```

template.html

```
<div id="app">
  <form>
    <input v-model="todo">
    <input type="submit" val="追加">
  </form>
  <ul v-for="item in list">
    <li>
      {{item}}
    </li>
  </ul>
</div>
```

確認用のデータが図4.2のように表示されることを確認できると思います。

図 4.2: リストを追加

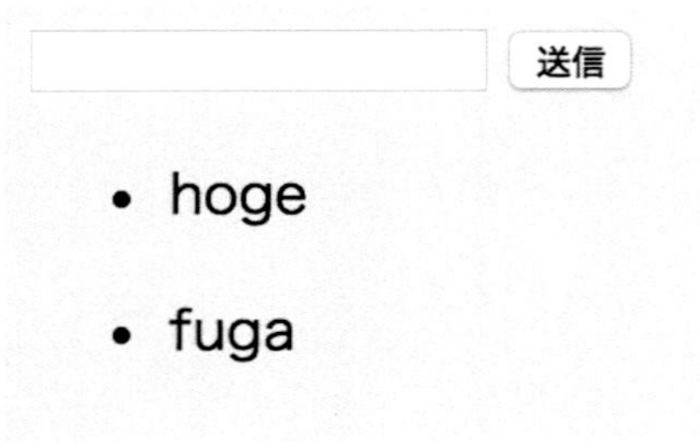

- hoge
- fuga

この状態では特に list に追加する処理を書いていないため、form はまだ機能していません。

4.3 list に追加できるようにする

list に追加するために、現在の todo の内容を list に追加する処理を書かなくてはいけません。form の送信イベントに連動して list に追加されていく処理を書いていきます。送信イベントで発火する関数を v-on ディレクティブで実行されるように書いていきます。

todo.js

```js
new Vue({
  el: '#app',
  data: {
    todo: "",
    list: ["hoge", "fuga"] //確認用にデータを入れる
  },
  methods: {
    sendTodo: function () {
      // data プロパティの list に追加
      this.list.push(this.todo)
      // 追加した todo は消しておく
      this.todo = ""
    }
  }
})
```

template.html

```html
<div id="app">
  <!-- submit イベントで sendTodo が発火する -->
  <form v-on:submit.prevent="sendTodo">
    <input v-model="todo">
    <input type="submit" val="追加">
  </form>
```

```
    <ul v-for="item in list">
      <li>
        {{item}}
      </li>
    </ul>
  </div>
```

　formのsubmitイベントにフックしてsendTodoが発火するようにしています。sendTodoはmethodsプロパティに定義しています。listに現在のtodoをpushし、todoは空文字列を入れて初期化しています。

　submitの後ろに.preventを続けて書いてあるところがポイントです。これは修飾子[1]と呼ばれるものでevent.preventDefault()を呼ぶ処理になります。これを書くことにより、submitボタンを押したときに通常のformの動作であるPOSTをするところまで処理をさせません。

　listに追加する処理ができたことにより、よりToDoリストらしくなってきました。

4.4　ToDoを完了できるようにする

　追加はできましたが、Todoを完了にすることはまだできていませんでした。任意のToDoを完了にするにはそのまま削除してしまうというのが手っ取り早くてよいのですが、ここはToDoそれぞれに状態を持たせてその状態を変化させることで完了の状態を表現したいと思います。

　ToDoそれぞれに状態を持たせるため、listに追加するTodoは文字列ではなくオブジェクトにします。そのオブジェクトの状態を変化させるために、Todoをクリックしたら状態が変化するようにコードを書いていきます。

todo.js

```
new Vue({
  el: '#app',
  data: {
    todo: "",
    list: []
  },
  methods: {
    sendTodo: function () {
      // data プロパティの list に追加
      this.list.push({
        text: this.todo,
```

---

[1].APIリファレンス v-on：https://jp.vuejs.org/v2/api/#v-on

```
      status: 'todo'
    })
    // 追加した todo は消しておく
    this.todo = ""
  },
  doneTodo: function (item) {
    // statusの値を変える
    if (item.status == 'done') {
      item.status = 'todo'
    } else {
      item.status = 'done'
    }
  }
}
})
```

template.html

```
<div id="app">
  <!-- submitイベントでsendTodoが発火する -->
  <form v-on:submit.prevent="sendTodo">
    <input v-model="todo">
    <input type="submit" val="追加">
  </form>
  <ul v-for="item in list">
    <!-- doneTodo(item) でitem自身のstatusを変化させる -->
    <li v-on:click="doneTodo(item)">
      <span>
        status: {{item.status}}
      </span>
      <!-- v-ifでstatusによって表示の仕方を変える -->
      <s v-if="item.status == 'done'">
        {{item.text}}
      </s>
      <span v-else>
        {{item.text}}
      </span>
    </li>
  </ul>
</div>
```

　listに状態のあるオブジェクトが追加されるようになり、ToDoをクリックすることによりその状態が変化し、取り消し線が引かれるようになりました（図4.3）。ToDoリストとして形に

なってきました。

図4.3: ToDoを完了できるようにする

- status: todo ほげほげ
- status: done ふがふが
- status: todo ああ

4.5 まとめ

　簡単なToDoリストを作ることでVue.jsのアプリケーション開発を体験してみました。実際のアプリケーションはもっと複雑なものになると思われますが、基本はここで書いてきたコードの組み合わせで実現していくことになります。

　難しい点としては、dataプロパティの値をどう参照しどう変更していくかが、各アプリケーションの複雑さに応じて難しくなっていくところだと思われます。Vueインスタンス配下の関数の行数が増えてきた場合、それは何かがおかしくなっている前兆です。そうなってきた際はコードを分割するなどして工夫していくのがよいでしょう。

第5章　単一ファイルコンポーネント

単一ファイルコンポーネントはVue.jsの強力な機能の一つです。
ビュー・ロジック・スタイルを一つのソースコードにまとめ、Webコンポーネントのように扱うことが出来ます。この章では単一ファイルコンポーネントについて見ていきます。

5.1　単一ファイルコンポーネントとは？

　単一ファイルコンポーネントとはVue.jsのコンポーネントの機能を拡張し、ビュー・ロジック・スタイルを`.vue`ファイルでひとまとめにしたファイルです。コンポーネント単位でカスタムタグを作成でき、それを組み合わせてビューを構築することが可能です。
　構成要素は`template`・`script`・`style`の三つになります。簡単な例を以下に示します。

single-file-component.vue

```
<template>
<div>
  {{ hello }}
</div>
</template>

<script>
module.exports = {
  data: function () {
    return {
      hello: 'hello'
    }
  }
}
</script>

<style>
div {
  text-align: center;
```

```
}
</style>
```

5.2 利点

単一ファイルコンポーネントにする利点としては以下が挙げられます。
・ビュー・ロジック・スタイルがまとまっているので保守性が高い
・スタイルのスコープを限定できる
・テキストエディタでシンタックスハイライトが効く
・BabelやSCSSなどのプリプロセッサを使用することが出来る
それぞれの点について解説します。

ビュー・ロジック・スタイルがまとまっているので保守性が高い

通常のWeb開発では、HTML・JavaScript・CSSは別々のファイルに書いていきます。その場合ビュー・ロジック・スタイルが別々に増えていくことになり、それぞれの対応を行うのは規模が大きくなるにつれ難しくなっていきます。

具体的には、あるHTMLのファイルを編集したとき、それに対応するCSSが別にあるとして、スタイルが崩れてしまったとき対応しているCSSを探すのはIDEを使っていたとしても難しいことではないでしょうか。一つのHTMLに複数のCSSが当たっていた場合はさらに難しくなります。

単一ファイルコンポーネントの場合はビュー・ロジック・スタイルがワンセットになるので、それぞれの対応が1ファイルでわかります。コンポーネントの数が増えたとしても迷うことは少ないのです。

スタイルのスコープを限定できる

styleのブロックにscopedをつけることでスタイルをコンポーネント内に限定することが出来ます。

sytleブロック

```
<style scoped>
div {
  text-align: center;
}
</style>
```

このように宣言すると、そのコンポーネント内にのみスタイルが当たるようになります。宣

言したスタイルの影響を最小限に出来るため、スタイルの保守性が向上します。

　注意すべき点としては、コンポーネント内でさらにコンポーネントをネストさせたとき、内部のコンポーネントにもスタイルがあたってしまうことです。`class`の指定などで、できる限り影響範囲を絞ると良いでしょう。

テキストエディタでシンタックスハイライトが効く

　通常の`component`の機能では、Vueインスタンスの`template`プロパティに文字列としてコンポーネントのテンプレートを記述します。多くのエディタでは通常の文字列と判定されてしまうためシンタックスハイライトが効きませんでした。

　`.vue`ファイルとして独立させることにより、ファイルのシンタックスハイライトの操作を行いやすくしています。代表的なエディタではVim・Emacs・Atom・VSCodeなどのエディタでシンタックスハイライト出来るパッケージが用意されています。

　単一ファイルコンポーネントではそれぞれの要素でプリプロセッサを使用することが可能です。`template`要素で`pug`のシンタックスハイライト、`script`要素で`TypeScript`のシンタックスハイライト、`style`要素で`stylus`のシンタックスハイライトなどを行うことが可能です。

BabelやSCSSなどのプリプロセッサを使用することが出来る

　それぞれの要素にプリプロセッサを使用することが出来ます。`template`要素には`pug`、`script`要素には`TypeScript`、`style`要素には`SCSS`など様々なプリプロセッサを使用することが可能です。

　プリプロセッサを使用する場合は`webpack`であればそれに対応した`loader`、`browserify`であれば`plugin`を導入します。

　例えば`webpack`では`vue-loader`の設定を書きます。`Babel`を使用する場合は`vue-loader`と`babel-loader`をインストールした上で、`webpack-config.js`の`module`に以下のように設定を書きます。

Babelを使用する場合のwebpack.config.jsの一部

```
module: {
  rules: [
    {
      test: /\.vue$/,
      loader: 'vue-loader'
    },
  ]
}
```

　`vue-loader`は`babel-loader`をインストールしていればデフォルトでそれを使用します。

vue-loaderをrulesに追加すればscript要素内でES2015を使用することが可能になります。

AltJSの一つであるTypeScriptを使用する場合は以下のようになります。

webpack.config.jsの一部

```
module: {
  rules: [
    {
      test: /\.vue$/,
      loader: 'vue-loader',
      options: {
        loaders: {
          ts: 'ts-loader'
        }
      }
    }
  ]
}
```

optionsのloadersに該当プリプロセッサのloaderを書きます。この設定でscript要素にTypeScriptを記述することが出来ます。

.vueファイルにTypeScriptを記述

```
<script lang="ts">
import Vue from "vue";

export default Vue.extend({
  data: () => {
    return {
      message: "hello"
    };
  }
});
</script>
```

他のプリプロセッサも同じようにloadersに記述していきます。loadersに各要素のlang属性に記述した名前（上の例だとts）をキーにして文字列でloaderの名前を記述します。

5.3 まとめ

単一ファイルコンポーネントについて見ていきました。コンポーネントごとにビュー・ロ

ジック・スタイルをひとまとめにし、それを組み合わせるという仕組みは、複雑なユーザインタフェースを作成する上で便利に活用できると思われます。プリプロセッサをそれぞれの項目で使用できるのも、保守性高いコードを書く上で役に立つ仕組みだと言えるでしょう。

　Webコンポーネントの仕様が固まり、全てのブラウザで問題なく活用できるようになるまでは有効に使えるでしょう。

Webコンポーネント

　Webコンポーネントは再利用可能でカプセル化された独自のHTMLタグを作成できるブラウザのAPIです。以下の4つの仕様で構成されています。

- Custom Elements
    独自のタグを作成できる仕様
- HTML Templates
    テンプレートとして使いたいHTMLを定義する仕様
- Shadow DOM
    メインのDOMツリーから分離された独自のDOMツリーの仕様
- HTML Imports
    HTML要素を他のHTMLへ取り込む仕様

　Web標準の技術なので将来的にはライブラリなしで実現できる機能です。モダンなブラウザでは先行して実装しているのでChromeやFirefoxでは試すことが出来ます。詳しくはMDNの資料[1]を読むと良いでしょう。

　全てのブラウザで使用できるようになればフレームワークによる実装はお役御免になるのでそういう世界が来るのが待ち遠しいですね。

---

1. https://developer.mozilla.org/ja/docs/Web/Web_Components

第6章 Vuex

Vue.jsを使用した中規模以上のアプリケーションを構築する時、コンポーネントの状態を管理するのはとても難しくなります。VuexはVue.jsの状態管理を行うのに最適なライブラリです。この章ではVuexについて詳しく見ていきます。

6.1 Vuexとは

VuexはVue.jsのための状態管理ライブラリです。Flux[1]の影響を受けており、一つの巨大なStateを元にビューを表示し、Actionを通じてStateに変更を加えてビューを更新する、という状態管理パターンを実装することが可能です。

図6.1のようなデータの流れを実装することが可能です。

図6.1: Vuexにおけるデータの流れ

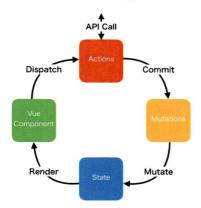

Fluxのコンセプトと似ていることがわかると思います。

コンポーネントを複数活用した中規模以上のVue.jsのアプリケーションを開発する時、状態管理を自前で行うのは難しいと思われます。例えばある状態を複数のコンポーネントで共有していた場合、その状態に変更を加えたとき、依存しているコンポーネントの表示の更新などを自前でやろうとすると、かなり複雑なコードを書くことになります。

1.flux-conceptshttps://github.com/facebook/flux/tree/master/examples/flux-concepts

状態管理をVuexに任せることにより、本質的なアプリケーション開発に集中出来るようになるので、Vue.jsで開発を行う際に状態管理を行うことになるのであれば使うことをお薦めします。

　Vuexを用いたアプリケーションの簡単な例を書きます。

index.html

```
<div class="app">
  <div>
    {{count}}
  </div>
  <button @click="increment">
    +
  </button>
  <button @click="decrement">
    -
  </button>
</div>
```

Vue.jsでVuexを使う例

```
import Vue from 'vue'
import Vuex from 'vuex'

Vue.use(Vuex)

const store = new Vuex.Store({
  state: {
    count: 0
  },
  mutations: {
    increment (state) {
      state.count++
    },
    decrement (state) {
      state.count--
    }
  },
  actions: {
    increment (context) {
      context.commit('increment')
    },
    decrement (context) {
```

```
      context.commit('decrement')
    }
  }
})
new Vue({
  el:'.app',
  computed: {
    count () {
      return store.state.count
    }
  },
  methods: {
    increment () {
      store.dispatch('increment')
    },
    decrement () {
      store.dispatch('decrement')
    }
  }
})
```

少々見慣れないコードではありますが、やっていることは単純です。例えばincrement関数が実行されたらstoreのactionsのincrementにディスパッチされ、それがmutationのincrementにコミットし、stateのcountが加算されます。わからない単語があるかも知れませんが、このあと丁寧に説明するので安心してください。

6.2 コア機能

ここではVuexのコア機能について解説します。Vuexのコアであるsate・getter・mutation・actionを順に紹介します。

state

stateはそのアプリケーションで唯一の状態管理を行うオブジェクトです。これを単一ステートツリー（single state tree）と呼びます。コンポーネント中に表示するデータの取得元であり、変更を加えるときの対象になります。

コンポーネント内でstateの情報を使用するときは、算出プロパティ（computed）を利用します。先ほどの例でいうと以下の部分です。

computed で state の count を表示するようにしている

```
new Vue({
  // 略
  computed: {
    count () {
      return store.state.count
    }
  },
  // 略
})
```

ここで注意したいのは算出プロパティの count で使用している store は、Vue インスタンスの外側から呼ばれているということです。このままではコンポーネントを使用するたびに store をインポートしなくてはならないため冗長です。

そうなることを防ぐために、Vue インスタンスのルートコンポーネントに対して store オプションを指定することで、そのコンポーネント配下の全ての子コンポーネントに store を注入することが出来ます。

ルートコンポーネントに store オプションを追加

```
new Vue({
  el:'.app',
  store,
  // 略
})
```

これを行うことで store のインポートを各コンポーネントで行う必要がなくなり、利便性が向上します。特に理由が無い限りこのスタイルで書いていくのが良いでしょう。

複数の store の state を必要としたとき、算出プロパティに一つずつ書いていくのは面倒です。

こういう場合は mapState ヘルパーを利用することで、コンポーネントの算出プロパティに冗長に書くことなく、やりたいことを実現できます。

mapState は以下のように使用します。

mapState を使用する

```
import { mapState }  'vuex'

new Vue({
  el:'.app',
  store,
```

```
  computed: mapState({
    count: state => state.count
    countWithPostfix: state => `${state.count}回`
  }),
  //略
}
```

またmapStateは返値としてオブジェクトを返します。算出プロパティにマージするためには...というスプレッド演算子を利用することができます。オブジェクト中にマージしたいオブジェクトをスプレッド演算子付きで記入すると、オブジェクトが展開され一つにマージされます。既存の算出プロパティがある場合は利用すると良いでしょう。

スプレッド演算子を利用する場合

```
import { mapState } 'vuex'
new Vue({
  el:'.app',
  store,
  computed: {
    coutnWithPrefix () {
      return `第${this.$store.state.count}`
    },
    ...mapState({
      count: state => state.count
      countWithPostfix: state => `${state.count}回`
    })
  },
  //略
}
```

getters

gettersは、簡単に言えばstore側（Vuexで作成する唯一のストア）で定義する算出プロパティです。

通常は各コンポーネントで算出プロパティを書きますが、複数コンポーネントで共通した算出プロパティを作成したい場合はgettersに書く方が便利です。

gettersは以下のように書きます。

storeにgettersオプションを追加します

```
const store = new Vuex.Store({
  //略
  getters: {
    postfixCount (state) {
      return state.count + "回"
    }
  }
})
```

gettersに登録する関数はstateを引数に取ります。stateにあるcountに"回"を追加しています。この算出結果を使用するには以下のように書きます。

算出プロパティでgettersのpostfixCountを呼び出す

```
new Vue({
  el:'.app',
  store,
  computed: {
    count () {
      return this.$store.getters.postfixCount
    }
  },
  //略
}
```

gettersに登録している関数が一つの場合はこれで問題ありませんが、複数の関数を登録していた場合、毎回算出プロパティに書くのは冗長です。

こういう場合はmapGettersヘルパーを利用することでコンポーネントの算出プロパティにgettesをマッピングすることが可能です。

mapGettersは以下のように使用します。

gettersをスプレッド演算子で展開する

```
import { mapGetters }  'vuex'

new Vue({
  el:'.app',
  store,
  computed: {
    ...mapGetters(['postfixCount']),
    count () {
```

```
      return this.$store.state.count
    }
  },
  //略
}
```

mutations

mutationsはVuexのStoreの状態を唯一変更できる部分です。基本的にmutations以外でstateの値を操作することは許されていません。

先ほどの例をもう一度見てみます。

mutationsの関数でstateの値を更新します

```
const store = new Vuex.Store({
  state: {
    count: 0
  },
  mutations: {
    increment (state) {
      // stateのcountをインクリメントしている
      state.count++
    },
    decrement (state) {
      // stateのcountをデクリメントしている
      state.count--
    }
  },
  actions: {
    increment (context) {
      // actionsでmutationsのincrementにcommitしている
      context.commit('increment')
    },
    decrement (context) {
      // actionsでmutationsのdecrementにcommitしている
      context.commit('decrement')
    }
  }
})
```

actionsの関数からcontext.commit('対象mutation')しています。actionsからでは

なく、Vue インスタンスの methods から直接 this.$store.commit('対象 mutation') で実行する方法もあります。このように対象 mutation を実行するとき、mutation にコミットするといいます。

この例ではただ mutations を実行するだけですが、mutations に対して引数を追加して実行することも可能です。

mutations に追加の引数を渡して実行するには context.commit('対象 mutation', palyload) という風にオブジェクトを第二引数に渡します。ここで渡す引数をペイロードと呼びます。

ペイロードにはそのままプリミティブな値を入れても良いのですが、オブジェクトとして渡すことによって複数の値を渡すことができます。オブジェクトで渡したほうが何の値を渡しているかが記述でわかるので、特に理由が無ければオブジェクトとして渡したほうが良いでしょう。

ペイロードを利用した例を以下に示します。

payload を用いて引数を渡します

```
const store = new Vuex.Store({
  state: {
    count: 2
  },
  mutations: {
    power (state, payload) {
      state.count = Math.pow(state.count, payload.number)
    }
  },
  actions: {
    power (context) {
      context.commit('power', { "number": 2 })
    }
  }
})
```

mutations の動きが理解できたと思います。もう一つ mutations で気をつけなければならないこととしては、mutations は同期的でなくてはならないということです。非同期処理をここで挟んではいけないのです。

何故非同期処理がいけないかというと、mutations は実行の順番を保証する手段がないからです。後述する actions では実行時に promise を返すことが可能です。これにより非同期処理の順番を制御することが可能になります。mutations の場合はコミットしても promise を返さないので順番を保証できず、state の値がどうなるかわからないので不安定になります。また Vue-dev-tool で利用する値も mutations の前後の値になるので、state の値が不安定

になるとデバッグもしづらくなります。

　mutationsはstateの値を更新する役割にとどめたほうが良いでしょう。

　また、mutationsもmapMutationsヘルパーでVueインスタンスのmethodsオブジェクトにマッピングすることが可能です。

mapMutations

```
import { mapMutations } 'vuex'

new Vue({
  el:'.app',
  store,
  methods: {
    ...mapMutations(['power'])
  },
  //略
}
```

　この例ではmutationsであるpowerが直接コミットできます。具体的はthis.power(payload)がthis.$store.commit('power', payload)にマッピングされます。

actions

　actionsはmutationsにコミットする役割の要素です。以下の例のようにmutationsに対してコミットを行います。

actionsからmutationsにコミットする例

```
const store = new Vuex.Store({
  //略
  mutations: {
    increment (state) {
      state.count++
    }
  },
  actions: {
    increment (context) {
      // storeインスタンスのメソッドやプロパティが呼び出せる
      // contextを第一引数に受け取り、そこからmutationsへコミットします
      context.commit('increment')
    }
  }
```

第6章　Vuex　67

```
})
```

actionsの関数を呼び出すには、Vueインスタンス内でdispatch関数を呼び出します。以下の例では、dispatch関数をVueインスタンスのmethods内の関数で呼び出しています。

Vueインスタンス内でactionsの関数をdispatchで呼び出す

```
new Vue({
  // 略
  methods: {
    increment () {
      store.dispatch('increment')
    }
  }
})
```

Vue.use(Vuex)で事前にVuexを使用することで、storeからdispatchを呼び出せます。

この例では一度actionsを通してコミットするので、単純な場面では直接コミットした方が良いと思うかもしれません。その場合はmapMutationsを利用してmethodsにマッピングする形が良いでしょう。

ただ、actionsは非同期処理を書くことが出来るので外部のAPIを実行しその結果を待ってstateの状態を更新したいときはactionsを使うのが定石です。

mutationsの項目でも述べましたが、mutationsでは関数の実行順を制御できないため非同期処理を書けません。actionsで登録した関数はpromiseを返すことが出来るので実行順を制御することが出来ます。

非同期処理を含む例を以下に示します。

非同期を含む例

```
const store = new Vuex.Store({
  //略
  mutations: {
    increment (state, payload) {
      state.count += payload.count
    }
  },
  actions: {
    fetchCount (context) {
      return this.fetch('/api/increment_count')
    },
    increment (context) {
```

```
      dispatch('fetchCount').then((response) => {
        this.commit('increment', { count: response.json().count })
      })
    }
  }
})
```

　actionsのincrement内でfetchCountを呼び出しています。fetchCountはPromiseを返すのでその後thenを続けて書くことが出来ます。この例ではthen内でcommitすることでcountをインクリメントしています。

6.3　module

　比較的小さいアプリケーションの場合は一つのstoreで問題ありませんが、アプリケーションが大きくなってくるにつれて一つのstoreで管理するのは難しくなってきます。Vuexではstoreを分割するためのmoduleという機能があります。

使い方

　moduleはstate・mutations・actions・gettersをプロパティに持つオブジェクトを一つの単位にして構築していきます。それぞれのプロパティは必須ではなく、例えばgettersがなくても問題ありません。

　moduleを構築するコードの例を以下に示します。

moduleの例

```
const counterModule = {
  state: {
    count: 0
  },
  mutations: {
    increment (state, payload) {
      // ここでの state は CounterModule の state になります。
      state.count += payload.count
    }
  },
  actions: {
    increment (context) {
      dispatch('fetchCount', { count: 1 })
    }
  }
}
```

```js
const anotherModule = {
  state: {
    // 略
  },
  mutations: {
    // 略
  },
  actions: {
    // 略
  }
}

// modules プロパティに定義した module を追加していきます
const store = new Vuex.Store({
  modules: {
    counterModule: counterModule,
    anotherModule: anotherModule
  }
})
```

登録したmoduleを参照するには以下のように書きます。

module を呼び出す例

```js
// counterModule の state である count を呼び出す
store.state.counterModule.count

// actions の increment を dispatch 通常の呼び出しと変わりません
store.dispatch('increment')
```

名前空間

moduleに分割すると各役割ごとの状態を管理することが出来るので便利です。ですがこの状態ではmoduleはグローバルに登録されているので、dispatchを実行する際、同じ名前のactionsが実行されることになります。

実際の例として以下のようなコードを書いてみます。

inde.html

```html
<div class="app">
  <div>
```

```
    {{count}}
  </div>
  <div>
    {{anotherCount}}
  </div>
  <button @click="increment">
    +
  </button>
</div>
```

inde.js

```
Vue.use(Vuex)

const counterModule = {
  state: {
    count: 0
  },
  mutations: {
    increment (state, payload) {
      state.count += payload.count
    }
  },
  actions: {
    increment (context) {
      context.commit('increment', { count: 1 })
    }
  }
}

const anotherModule = {
  state: {
    count: 10
  },
  mutations: {
    increment (state, payload) {
      state.count += payload.count
    }
  },
  actions: {
    increment (context) {
      context.commit('increment', { count: 1 })
    }
```

```
    }
  }

  const store = new Vuex.Store({
    modules: {
      counterModule,
      anotherModule
    }
  })

  new Vue({
    el:'.app',
    store,
    computed: {
      count () {
        return store.state.counterModule.count
      },
      anotherCount () {
        return store.state.anotherModule.count
      }
    },
    methods: {
      increment () {
        store.dispatch('increment')
      }
    }
  })
```

moduleでcounterModuleとanotherModuleが登録されています。それぞれのmoduleには同じ名前のincrementという関数がactionsに登録されています。この状態でincrementを実行するとcountとanotherCountがインクリメントされてしまいます。

この状態を防ぐためにmoduleには名前空間を設定することが可能です。名前空間を有効にするにはmoduleを構成するオブジェクトにnamespacedプロパティをtrueにするだけです。

inde.js

```
  const counterModule = {
    namespaced: true,
    state: {
      // 略
    },
    mutations: {
```

```
    // 略
  },
  actions: {
    // 略
  }
}
```

この状態で特定の actions の関数を呼び出すには、modules オプションで登録したモジュール名を利用して以下のように書きます。

```
const store = new Vuex.Store({
  modules: {
    counterModule,
    anotherModule
  }
})
new Vue({
  // 略
  store,
  methods: {
    increment () {
      // counterModuleのactionsを呼びたいときは モジュール名/actionsの関数名 で呼び出します
      store.dispatch('counterModule/increment')
    }
  }
}
```

これで actions の関数名の衝突を気にする必要が最小限になりました。

6.4 まとめ

以上 Vuex についてまとめました。状態管理を行う際の Vue.js におけるベストプラクティスを提供してくれるので、中規模以上のアプリケーションを作る場合は Vuex がほぼ必須です。

他にも Vuex の機能はありますので公式ドキュメント[2]を閲覧して理解を深めましょう。

2.Vuex 公式ドキュメント https://vuex.vuejs.org/ja/

第7章　vue-router

Vue.jsでシングルページアプリケーションを作る場合、クライアントサイドでルーティングを行う必要があります。vue-routerはVue.jsでシングルページアプリケーションを作る際、クライアントサイドのルーティングを容易にするライブラリです。この章ではvue-routerについて解説します。

7.1　vue-routerとは

　vue-routerとはVue.jsでシングルページアプリケーションを作る際、フロントエンドでのルーティングを行うためのライブラリです。

　以下が簡単な例です。

index.html

```html
<div class="app">
  <h1>VueRouter</h1>
  <ul>
    <li>
      <!-- router-link コンポーネントを使いリンクを作成します -->
      <router-link to="/a">page A</router-link>
    </li>
    <li>
      <router-link to="/b">page B</router-link>
    </li>
  </ul>
  <!-- router-view コンポーネントは動的にコンポーネントが入れ替わる部分に記述します。 -->
  <router-view></router-view>
</div>
```

index.js

```js
import Vue from 'vue'
import VueRouter from 'vue-router'
```

```
Vue.use(VueRouter)

const PageA = {
  template: '<div>page A</div>'
}
const PageB = {
  template: '<div>page B</div>'
}

// ルーティングを配列で記述します。
const routes = [
  { path: '/a', component: PageA },
  { path: '/b', component: PageB }
]

// ルーティングの配列を用いVueRouterのインスタンスを作成します。
const router = new VueRouter({
  routes
})

// VueRouterのインスタンスをVueのインスタンスに登録します。
const app = new Vue({
  router
}).$mount('.app')
```

上記のコードは図7.1のように表示されます。

図7.1: 画面の表示

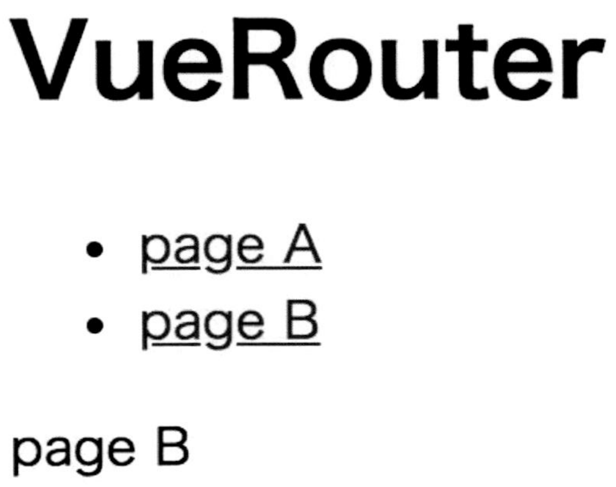

VueRouter

- page A
- page B

page B

"page A"をクリックするとPageAコンポーネント、"page B"をクリックするとPageBコンポーネントが表示されます。リンクをクリックした際に通常の場合別のページに遷移しますが、ページ遷移をせずに画面が切り替わります。

重要な要素として、<router-link>コンポーネントと<router-view>コンポーネントが存在します。それぞれの役割は以下のとおりです。

- **<router-link>**
  vue-routerのためのaタグを作成するコンポーネントです。通常のaタグだとブラウザを更新してしまいますが、このコンポーネントで作成したaタグはクリックイベントに割り込み、ブラウザを更新しないようになります。
- **<router-view>**
  router-linkなどで指定されたリンクのパスにマッチするコンポーネントを描画するコンポーネントです。

<router-link>のtoプロパティにパスを書きます。ここで書くパスはVueRouterのインスタンスを作成するときに書いたパスで、router-viewに対応するコンポーネントを表示することが出来ます。

先ほどの例の{ path: '/a', component: PageA}ではtoプロパティに/aを指定すると、その<router-link>をクリックした場合PageAコンポーネントをrouter-viewに表示します。

vue-routerの基本的な使い方は以上になります。

7.2 動的ルートマッチ

あるユーザの詳細を表示するためのURLに、/user/1234などのようにIDがURL中に含まれるとき、各ユーザごとにURLが違った同じ画面を表示したくなると思います。vue-routerではパスの中に動的なセグメントを使用してそれを表現することが出来ます。

動的ルートマッチを実現するための例を以下に書きます。

index.html

```html
<div class="app">
  <h1>VueRouter</h1>
  <ul>
    <li>
      <router-link to="/user/A">User A</router-link>
    </li>
    <li>
      <router-link to="/user/B">User B</router-link>
    </li>
  </ul>
  <router-view></router-view>
```

```
        </div>
```
index.js
```
// コンポーネント内で動的なセグメントの値を取得することが出来ます。
const User = {
  template: '<div>UserID: {{ $route.params.id }}</div>'
}

// コロン付きのidに任意の値が入るようになります。
const routes = [
  { path: '/user/:id', component: User }
]

const router = new VueRouter({
  routes
})

const app = new Vue({
  router
}).$mount('.app')
```

　動的ルートマッチを行うには、vue-routerのインスタンスに入れるroutesのパスに:idの用にコロン付きのパスを与えます。:idには任意の値が入り、<router-link>コンポーネントのto属性でID付きURLを入れることで遷移することが可能になります。そこで表示されるコンポーネントはUserコンポーネントになり:idにどのような値を入れても同じコンポーネントが表示されます。

　コンポーネント内では:idで与えられた値を取得することが可能です。取得する場合は$route.params.idのように動的なセグメントの名前（今回の場合は/user/:idなのでid）で取得することが可能です。

　"User A"をクリックしたときの表示を図7.2、"User B"をクリックしたをときの表示を図7.3に示します。同じUserコンポーネントが使用され中の表示だけが変わっていることがわかると思います。

図7.2: User A をクリックしたときの表示

VueRouter

- User A
- User B

UserID: A

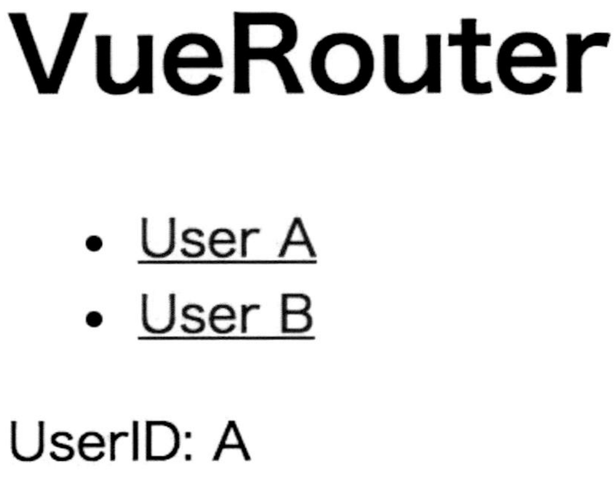

図7.3: User B をクリックしたときの表示

VueRouter

- User A
- User B

UserID: B

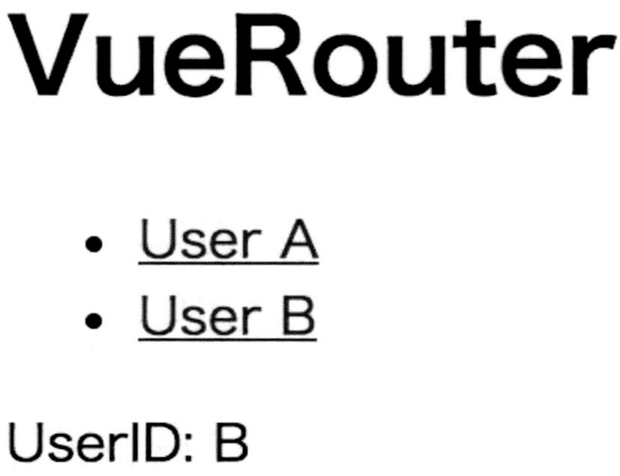

7.3 ネストされたルートで表現するコンポーネントのネスト

/user/profileや/user/notificationsのようなURLを考えたとき、同じレイアウトでprofileとnotificationsを表示したいといった要件を考えたとします。そのような場合もvue-routerは対応することが出来ます。

ネストされたルートを表現するコードは以下のように書きます。

index.html

```
<div class="app">
```

```
    <h1>VueRouter</h1>
    <ul>
      <li>
        <router-link to="/user/profile">
          profile
        </router-link>
      </li>
      <li>
        <router-link to="/user/notifications">
          notifications
        </router-link>
      </li>
    </ul>
    <router-view></router-view>
  </div>
```

index.js

```
const User = {
  template: `
    <div class="user">
      User Layout<br>
      -----------
      <router-view></router-view>
    </div>
  `
}

const UserProfile = {
  template: `
    <div>
      profile
      <ul>
        <li>name: hoge</li>
        <li>age: 18</li>
      </ul>
    </div>
  `
}

const UserNotifications = {
  template: `
    <div>
```

```
        notifications
      <div>
        <input type="checkbox" name="mail" value="1"> mail <br>
        <input type="checkbox" name="push" value="1"> push
      </div>
    </div>
  `
}

// children プロパティを新たに追加する
const routes = [
  {
    path: '/user',
    component: User,
    children: [
      {
        path: 'profile',
        component: UserProfile
      },
      {
        path: 'notifications',
        component: UserNotifications
      }
    ]
  }
]

const router = new VueRouter({
  routes
})

const app = new Vue({
  router
}).$mount('.app')
```

　routesオブジェクトに新しいプロパティchildrenプロパティを作成し、その中に新たにルーティングのためのpathとcomponentプロパティを含んだオブジェクトの配列を渡しています。

　HTMLでは<router-link>コンポーネントのto属性に/user/profileと書いています。このリンクをクリックすると、vue-routerのインスタンスを作成する時渡したroutesオブジェクトを参照し、/userにマッチするUserコンポーネントを表示し、その中の<router-view>

コンポーネントに/profileにマッチしたUserProfileコンポーネントを表示しています。

"profile"をクリックしたときの状態を図7.4、"notifications"をクリックしたときの状態を図7.5に示します。

図7.4: profile をクリックしたときの表示

VueRouter

- profile
- notifications

User Layout
----
profile

- name: hoge
- age: 18

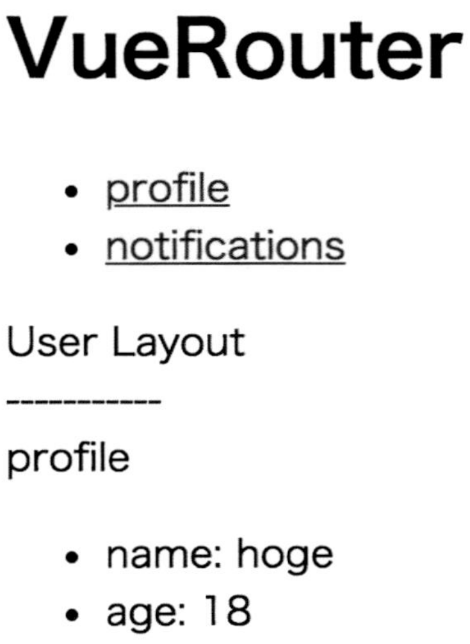

図7.5: profile をクリックしたときの表示

VueRouter

- profile
- notifications

User Layout
----
notifications
☐ mail
☐ push

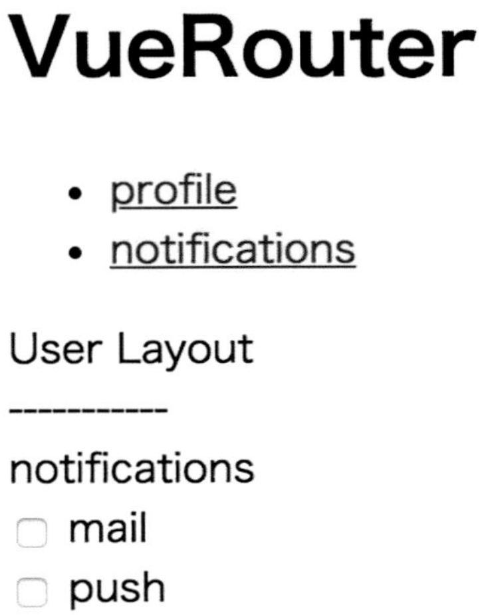

同じUserコンポーネントが使用されていることがわかるかと思います。

7.4 プログラムで遷移させる

通常<router-link>コンポーネントを使用して画面の遷移を行いますが、何らかの処理を行った後に自動的に遷移して欲しい、という要件はよくあるかと思われます。<router-link>はプログラム中に遷移のコードを書くことにより、任意のタイミングで画面遷移を行うことが可能です。

遷移のための関数はルーターのインスタンス（ここではrouterになります）を用いて実行します。ルーターのインスタンスが見えるところで書くことが出来ます。Vueインスタンス内の関数で実行する場合はインスタンス内でthis.$routerとアクセスすることでそのインスタンス内でのルーターにアクセスすることが出来ます。

任意のpathに遷移するにはpush関数を使用します。

push関数の例

```
// 文字列で指定したパスに遷移する
router.push('user')

// オブジェクトでパスを指定して遷移する
router.push({ path: 'user' })

// URLクエリパラメータに値をつけて遷移する
router.push({ path: 'user', query: { from: 'web' }})
```

pushでの遷移はブラウザの履歴（history）に残ります。なのでブラウザの戻るボタンを押すと戻ることが出来ます。

もし、遷移をブラウザの履歴に残したくない場合はreplace関数を使用します。

replace関数の例

```
// 文字列で指定したパスに遷移する
router.replace('user')

// オブジェクトでパスを指定して遷移する
router.replacepush({ path: 'user' })
```

使い方は似ていますが、これで遷移する場合はブラウザの履歴に残りません。

ブラウザで戻るボタンや進むボタンのようにブラウザの履歴を行き来するメソッドもあります。

historyを行き来するコード

```
// 1つ進む
router.go(1)

// 1つ戻る
router.go(-1)

// 3つ進む
router.go(3)
```

このようにプログラムからの遷移も容易に行うことが出来ます。ちなみにこれらの関数はBrowser History APIと対応しています。Browser History APIに精通している方であれば親しみやすいと言えるかも知れません。

7.5 リダイレクト

開発が進んでくるとあるパスが廃止され、新しいパスにリダイレクトしないといけないということはよくあることだと思われます。vue-routerはリダイレクトも簡単に設定することが出来ます。

リダイレクトを設定するにはvue-routerのインスタンスを作成するところで設定を行います。

リダイレクトさせるコード

```
const router = new VueRouter({
  routes: [
    { path: '/old', redirect: '/new' }
  ]
})
```

動的なリダイレクトもサポートされており、それは以下のように書きます。

動的なリダイレクトを行うコード

```
const router = new VueRouter({
  routes: [
    { path: '/old', redirect: to => {
      // redirectに登録する関数では返値にパスを返します。
      // この関数内で条件分岐などをし、リダイレクト先を動的に決定します。
    }}
  ]
```

```
})
```

7.6 コンポーネント内で動的なセグメントの値を取得したいとき。

　動的なセグメントの値を取得したい場合はvue-routerのインスタンスから取得することが出来ました。しかしコンポーネント内でそのような取得の仕方をするとコンポーネントを分けているにもかかわらず、vue-routerのインスタンスと密に結合してしまうという問題があります。

問題のある例

```
const Article = {
  template: '<div>Article ID: {{ $route.params.hoge }}</div>'
}
const router = new VueRouter({
  routes: [
    { path: '/article/:hoge', component: Article},
  ]
})
```

　そういう場合はvue-routerのインスタンスを作る際にコンポーネントに対してpropsを渡すオプションをつけることで解決することが出来ます。
　propsを渡すオプションは以下のように書きます。

コンポーネントにpropsを渡すようにする例

```
const Article = {
  props: ['hoge'],
  template: '<div>Article ID: {{ hoge }}</div>'
}
const router = new VueRouter({
  routes: [
    { path: '/article/:hoge', component: Article, props: true },
  ]
})
```

　セグメント名がそのままpropsとして渡すことが可能になります。これによりコンポーネントが密結合してしまうことを防げます。

7.7 まとめ

　本章ではvue-routerについてまとめました。オブジェクトで表現することで、柔軟なルーティングが可能になります。シングルページアプリケーションを作成する際はほぼ必須と言えるライブラリなので、しっかりと理解しましょう。

　紹介しきれなかった機能については公式ドキュメント[1]を閲覧して理解を深めることが可能です。トランジションやスクロール時の振る舞いについては紹介しきれなかったので、ドキュメントを読んで実際にコードを書くことで理解していっていただければと思います。

1.vue-router 公式ドキュメント https://router.vuejs.org/ja/

おわりに

　Vue.jsとそれを取り巻くエコシステムについて紹介してきました。Vue.jsとはどのようなフレームワークなのか、どのように開発していけばよいかなどVue.jsの雰囲気を感じ取っていただければ幸いです。

　本書ではVue.jsの機能の基本的な部分しか紹介できていないため、疑問に思うことが多いと思います。これを読んで、もし興味が湧きましたらぜひとも公式ガイドを閲覧して、Vue.jsの多機能さを知っていただければと思います。本書より充実したドキュメントが、アプリケーション開発の助けになることは間違いありません。

　またVue.jsに貢献したいと考えたのならば、Vue.js日本ユーザグループのSlackに登録していただければと思います。

　来年にはどうなっているかよくわからないフロントエンドフレームワークの世界ですが、Vue.jsとそのエコシステムは開発体制も含めて長く使用に耐えるものになっていると思います。微力ながらコミュニティ活動に貢献し、これからもついていこうと筆者は思っています。

公式ガイド：https://jp.vuejs.org/v2/guide/
Vue.js 日本ユーザグループ：https://github.com/vuejs-jp/home

著者紹介

那須 理也（なす まさや）

Webアプリケーションエンジニア。大学卒業後、パッケージソフト開発会社に3年間勤務し、クラウドソーシングサービスを提供する企業に転職。そこで主にRuby on Railsを活用しサービス開発を行っている。JavaScriptで作る動きのあるサービス開発が好みだが、最近の仕事はインフラ業務多め。多趣味。

◎本書スタッフ
アートディレクター/装丁：岡田章志＋GY
編集協力：飯嶋玲子
デジタル編集：栗原 翔

技術の泉シリーズ・刊行によせて
技術者の知見のアウトプットである技術同人誌は、急速に認知度を高めています。インプレスR&Dは国内最大級の即売会「技術書典」（https://techbookfest.org/）で頒布された技術同人誌を底本とした商業書籍を2016年より刊行し、これらを中心とした『技術書典シリーズ』を展開してきました。2019年4月、より幅広い技術同人誌を対象とし、最新の知見を発信するために『技術の泉シリーズ』へリニューアルしました。今後は「技術書典」をはじめとした各種即売会や、勉強会・LT会などで頒布された技術同人誌を底本とした商業書籍を刊行し、技術同人誌の普及と発展に貢献することを目指します。エンジニアの"知の結晶"である技術同人誌の世界に、より多くの方が触れていただくきっかけになれば幸いです。

株式会社インプレスR&D
技術の泉シリーズ　編集長　山城 敬

●お断り
掲載したURLは2018年4月6日現在のものです。サイトの都合で変更されることがあります。また、電子版ではURLにハイパーリンクを設定していますが、端末やビューアー、リンク先のファイルタイプによっては表示されないことがあります。あらかじめご了承ください。
●本書の内容についてのお問い合わせ先
株式会社インプレスR&D　メール窓口
np-info@impress.co.jp
件名に「『本書名』問い合わせ係」と明記してお送りください。
電話やFAX、郵便でのご質問にはお答えできません。返信までには、しばらくお時間をいただく場合があります。なお、本書の範囲を超えるご質問にはお答えしかねますので、あらかじめご了承ください。
また、本書の内容についてはNextPublishingオフィシャルWebサイトにて情報を公開しております。
http://nextpublishing.jp/

●落丁・乱丁本はお手数ですが、インプレスカスタマーセンターまでお送りください。送料弊社負担にてお取り替えさせていただきます。但し、古書店で購入されたものについてはお取り替えできません。
■読者の窓口
インプレスカスタマーセンター
〒101-0051
東京都千代田区神田神保町一丁目105番地
TEL 03-6837-5016／FAX 03-6837-5023
info@impress.co.jp
■書店／販売店のご注文窓口
株式会社インプレス受注センター
TEL 048-449-8040／FAX 048-449-8041

技術の泉シリーズ

Hello!! Vue.js
最新プログレッシブフレームワーク入門

2018年4月13日　初版発行Ver.1.0（PDF版）
2019年4月5日　　Ver.1.1

著　者　那須 理也
編集人　山城 敬
発行人　井芹 昌信
発　行　株式会社インプレスR&D
　　　　〒101-0051
　　　　東京都千代田区神田神保町一丁目105番地
　　　　https://nextpublishing.jp/
発　売　株式会社インプレス
　　　　〒101-0051　東京都千代田区神田神保町一丁目105番地

●本書は著作権法上の保護を受けています。本書の一部あるいは全部について株式会社インプレスR&Dから文書による許諾を得ずに、いかなる方法においても無断で複写、複製することは禁じられています。

©2018 Masaya Nasu. All rights reserved.
印刷・製本　京葉流通倉庫株式会社
Printed in Japan

ISBN978-4-8443-9826-4

●本書はNextPublishingメソッドによって発行されています。
NextPublishingメソッドは株式会社インプレスR&Dが開発した、電子書籍と印刷書籍を同時発行できるデジタルファースト型の新出版方式です。https://nextpublishing.jp/